高职高专规划教材

光机电设备安装、调试与维护

主　编　刘光定
副主编　潘爱民
参　编　王　鹏　李　伟　姚峰军
主　审　祁建中

机 械 工 业 出 版 社

本书采用学习情境的形式，针对 YL－335B 型光机电一体化设备进行编写，将其在安装、调试与维护工作任务中涉及的新的、重点的知识和技能逐一进行了介绍。本书主要内容包括初识光机电一体化设备，供料站的安装、调试与维护，加工站的安装、调试与维护，装配站的安装、调试与维护，分拣站的安装、调试与维护，人机界面站的安装、调试与维护，输送站的安装、调试与维护，整机的安装、调试与维护等。本书能使读者处于一个非常接近于实际工作的环境，从而缩短理论学习与实际应用之间的距离。

本书适合作为高职高专机电类、自动化控制类相关专业的教学用书，也可供从事机电一体化设备开发与调试工作的人员参考，还可作为相关行业的岗位培训教材及有关人员的自学用书。

图书在版编目（CIP）数据

光机电设备安装、调试与维护/刘光定主编. —北京：机械工业出版社，2018.1

ISBN 978-7-111-58698-2

Ⅰ. ①光… Ⅱ. ①刘… Ⅲ. ①光电技术－机电设备－设备安装 ②光电技术－机电设备－调试方法 ③光电技术－机电设备－维修 Ⅳ. ①TM

中国版本图书馆 CIP 数据核字（2017）第 311817 号

机械工业出版社（北京市百万庄大街 22 号　邮政编码 100037）
策划编辑：陈玉芝　王　博　责任编辑：王　博
责任校对：陈　越　王　延
封面设计：张　静
深圳市鹰达印刷包装有限公司印刷
2018 年 2 月第 1 版第 1 次印刷
187mm×260mm · 10.5 印张 · 250 千字
0001—3 000 册
标准书号：ISBN 978-7-111-58698-2
定价：39.00 元

前　言

本书针对 YL-335B 型光机电一体化设备进行编写，包含 8 个学习情境，涵盖整个光机电一体化设备的安装、调试与维护任务内容。

本书在编写过程中，力求用情境活动的形式，将工作任务中涉及的新的、重点的知识和技能逐一进行介绍，在活动实施的过程中，根据光机电一体化设备安装与调试过程的特点，按照情境导入、学习目标、知识衔接、情境实施、情境小结和情境自测 6 个环节进行展开。

本书按照光机电一体化设备的运行过程编排学习情境，以工作活动的形式组织内容结构，完成对学生相应的职业工作能力的培养。本书在内容上以"适度够用"为原则，在教师引导下，主要以学生为主体进行理实一体化教学。

本书由郑州电力职业技术学院刘光定任主编，潘爱民任副主编。内容编写分工为：学习情境 1、学习情境 2、学习情境 8 由刘光定编写，学习情境 3、学习情境 4 由潘爱民编写，学习情境 5 由李伟编写，学习情境 6 由姚峰军编写，学习情境 7 由王鹏编写。全书由刘光定统稿。

本书在内容上力求与企业现场实际需求一致，所以特别邀请了从事光机电设备安装与调试、维护、设计等工作的企业一线人员参与本书的编写与讨论。特别是在编写过程中，得到了一些相关企业技术人员的大力支持和帮助，在此一并表示感谢。

因作者水平有限，再加上编写经验不足，书中不当之处在所难免，敬请读者提出宝贵意见！

编　者

目 录

初识光机电一体化设备

1.1 情境导入

　　光机电一体化设备是现代工业的生命线，机械制造、电子信息、石油化工、轻工纺织、食品制药、汽车生产以及军工业等现代化工业的发展都离不开自动化生产线的主导和支撑作用，其对整个工业及其他领域也有着重要的作用。光机电一体化设备是在流水线和自动化专机的功能基础上逐渐发展起来而形成的自动工作的机电一体化装置。

　　通过自动化输送及其辅助装置，按照特定的生产流程，将各种自动化专机连接成一体，并通过气动、液压、电动机、传感器和电气控制系统使各部件的动作联系起来，从而使整个系统按照规定的程序自动地工作，连续、稳定地生产出符合技术要求的特定产品。图 1-1 所示为 YL-335B 型光机电一体化设备。

图 1-1　　YL-335B 型光机电一体化设备

1.2 学习目标

　　1）了解光机电一体化设备的应用技术。

2）掌握 YL－335B 型光机电一体化设备的构成和功能。

3）熟悉 YL－335B 型光机电一体化设备的核心机电产品功能和控制技术。

4）熟悉 YL－335B 型光机电一体化设备电气控制系统的结构特点。

5）具备初步分析典型自动化生产线机电设备结构功能及应用技术的能力。

1.3　知识衔接

1.3.1　光机电一体化设备的基本知识

1. 光机电一体化设备的概念

光机电一体化设备由自动执行装置（包括各种执行器件、机构，如电动机、电磁铁、电磁阀、气动元件、液压元件等）、经各种检测装置（包括各种检测器件、传感器、仪表等）检测各装置的工作进程、工作状态、经逻辑、数理运算与判断，按生产工艺要求的程序，自动进行流水生产作业。图 1-2 所示为典型光机电一体化设备案例。

光机电一体化设备不仅要求线体上的各种机械加工装置能自动地完成预定的各道工序及其工艺过程，生产出合格的产品，而且要求装卸工件、定位夹紧、工件在工序间输送、工件的分拣甚至包装等都能按照规定的程序自动地进行。

例如在图 1-2a 所示的彩电总装线和图 1-2b 所示的汽车装配线中，为了使产品能在不同工位完成组装，产品的输送和定位都是重要的环节。

a) 彩电总装线

b) 汽车装配线

c) 饮水机测试线

d) 汽车小冰箱组装线

图 1-2　典型光机电一体化设备案例

简单地说，光机电一体化设备是由工件传送系统和控制系统，将一组自动机床和辅助设备按照工艺顺序连接起来，自动完成产品全部或部分制造过程的生产系统，简称自动线。

2. 光机电一体化设备的发展概况

光机电一体化设备所涉及的技术领域是很广泛的，它的发展、完善是与各种相关技术的进步及互相渗透紧密相连的。各种技术的不断更新推动了它的迅速发展。

可编程序控制器是一种以顺序控制为主，以网络调节为辅的工业控制器。它不仅能完成逻辑判断、定时、记数、记忆和算术运算等功能，而且能大规模地控制开关量和模拟量。基于这些优点，可编程序控制器取代了传统的顺序控制器，开始广泛应用于自动化生产的控制系统中。

由于计算机的出现，机器人内装的控制器被计算机代替而产生了第二代工业机器人，以工业机械手最为普遍。各具特色的机器人和机械手在自动化生产中的装卸工件、定位夹紧、工件传输、包装等过程中得到了广泛应用。现在正在研制的新一代智能机器人不仅具有运动操作技能，而且还有视觉、听觉、触觉等感觉的辨别能力，具有判断、决策能力。这种机器人将把自动化生产带入一个全新的领域。

液压和气动技术，特别是气动技术，以空气作为介质，由于具有传动反应快、动作迅速、气动元件制作容易、成本小、便于集中供应和长距离输送、节省能源等优点，而引起人们的普遍重视。气动技术已经发展成为一个独立的技术领域，在各行业，特别是自动线中得到了迅速的发展和广泛的应用。

此外，传感器技术随着材料科学技术和固体物理效应的不断发展，形成了一个新的科学技术领域。在应用上出现了带微处理器的智能传感器，它在自动化生产中监视着各种复杂的自动控制程序，起着极其重要的作用。

进入 21 世纪，在计算机技术、网络通信技术和人工智能技术的推动下，智能控制设备将被生产出来，从而使工业生产过程有了一定的自适应能力。所有支持自动化生产的相关技术的进一步发展，使得自动化生产功能更加齐全、完善、先进，从而能完成技术性更复杂的操作，生产或装配工艺更复杂的产品。

1.3.2 认知典型光机电一体化设备

YL–335B 型光机电一体化设备由安装在铝合金导轨式实训台上的供料单元、加工单元、装配单元、分拣单元和输送单元 5 个单元组成，其外观如图 1-3 所示。

YL–335B 型光机电一体化设备中的每一个工作单元都可以成为一个独立的系统，同时也都是机电一体化系统。各个单元的执行机构基本上以气动执行机构为主，但输送单元的机械手装置整体运动则采取步进电动机驱动、精密定位的位置控制。该驱动系统具有长行程、多定位点的特点，是一个典型的一维位置控制系统。分拣单元的传送带则采用了通用变频器驱动三相异步电动机的交流传动装置驱动。位置控制和变频器技术是现代工业企业应用最为广泛的电气控制技术。

在 YL–335B 型光机电一体化设备上应用了多种类型的传感器，分别用于判断物体的运动位置、物体通过的状态、物体的颜色及材质等。传感器技术是机电一体化技术中的关键技术之一，是现代工业实现高度自动化的前提之一。

在控制方面，YL–335B 型光机电一体化设备采用了基于 RS485 串行通信的可编程序控制器（Programmable Logic Controller，简称 PLC）网络控制方案，即每一个工作单元由一台 PLC 承担其控制任务，各 PLC 之间通过 RS485 串行通信实现互联的分布式控制方式。用户可根据

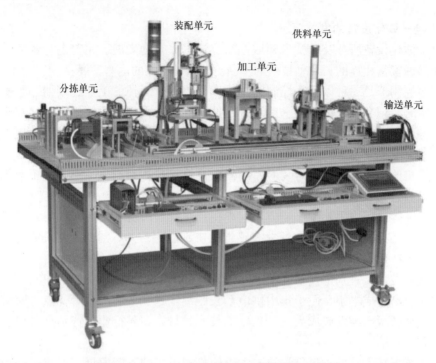

图1-3　YL–335B型光机电一体化设备的外观

需要选择不同厂家的PLC及其所支持的RS485通信模式，组建成一个小型的PLC网络。小型PLC网络以其结构简单、价格低廉的特点在小型自动化生产线中仍然有着广泛的应用，在现代工业网络通信中仍占据相当的份额。另外，掌握基于RS485串行通信的PLC网络技术，将为进一步学习现场总线技术、工业以太网技术等打下良好的基础。

1. YL–335B型光机电一体化设备的基本功能

　　YL–335B型光机电一体化设备各工作单元在实训台上的分布如图1-4所示。

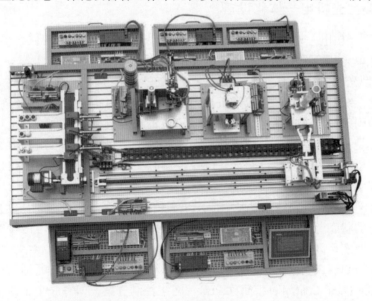

图1-4　YL–335B型光机电一体化设备各工作单元在实训台上的分布

各个单元的基本功能如下：

1）供料单元的基本功能：供料单元是典型光机电一体化设备中的起始单元，在整个系统中起到向系统中其他单元提供原料的作用。具体的功能是：按照需要将放置在料仓中待加工的工件（原料）自动地推到物料台上，以便输送单元的机械手将其抓取，再输送到其他单元。图1-5所示为供料单元的外观。

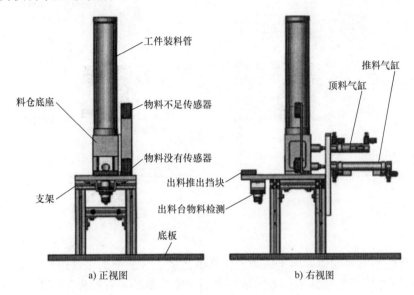

图 1-5　供料单元的外观

2）加工单元的基本功能：把该单元物料台上的工件（工件由输送单元的抓取机械手送来）送到冲压机构下面，完成一次冲压加工动作，然后再送回到物料台上，待输送单元的抓取机械手将其取出。图1-6所示为加工单元的外观。

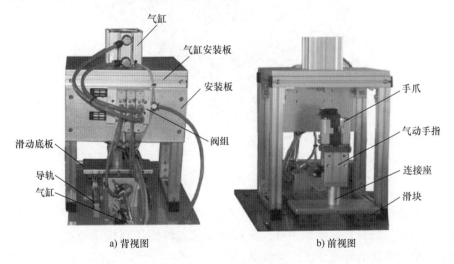

图 1-6　加工单元的外观

3）装配单元的基本功能：将该单元料仓内的金属、黑色或白色小圆柱零件嵌入到已加工的工件中。装配单元的外观如图 1-7 所示。

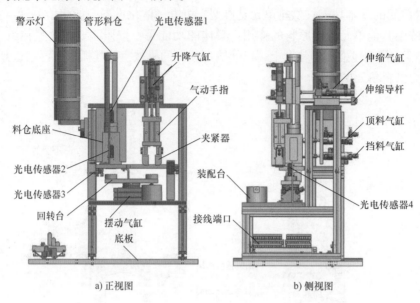

图 1-7 装配单元的外观

4）分拣单元的基本功能：将上一单元送来的已加工、装配的工件进行分拣，实现不同属性（颜色、材料等）的工件从不同的料槽分流的功能。图 1-8 所示为分拣单元的外观。

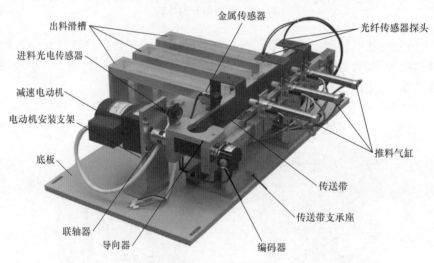

图 1-8 分拣单元的外观

5）输送单元的基本功能：该单元通过直线运动机构驱动抓取机械手到指定单元的物料台上精确定位，并在该物料台上抓取工件，把抓取到的工件输送到指定地点后放下，实现传送工件的功能。输送单元的外观如图 1-9 所示。

直线运动机构的驱动器可采用伺服电动机或步进电动机，视实训目的而定。典型光机电一体化设备的标准配置为伺服电动机。

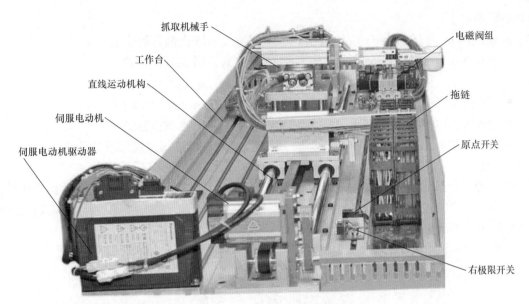

图 1-9　输送单元的外观

2. YL–335B 型光机电一体化设备电气控制的结构特点

　　YL–335B 型光机电一体化设备中的各工作单元的结构特点是机械装置和电气控制部分相对分离。每一个工作单元的机械装置都整体安装在底板上，而控制工作单元生产过程的 PLC 装置则安装在工作台两侧的抽屉板上。因此，工作单元的机械装置与 PLC 装置之间的信息交换是一个关键问题。典型光机电一体化设备的解决方案是：机械装置上的各电磁阀和传感器的引线均连接到装置侧接线端口上。PLC 的 I/O 引出线则连接到 PLC 侧接线端口上。两个接线端口间通过多芯信号电缆互连。图 1-10 和图 1-11 所示分别是装置侧接线端口和 PLC 侧接线端口。

图 1-10　装置侧接线端口　　　　　　　　图 1-11　PLC 侧接线端口

　　装置侧接线端口的接线端子采用三层端子结构，上层端子用以连接 DC 24V 电源的 +24V 端子，底层端子用以连接 DC 24V 电源的 0V 端子，中间层端子用以连接各信号线。

　　PLC 侧接线端口的接线端子采用两层端子结构，上层端子用以连接各信号线，其端子号与装置侧接线端口的接线端子相对应。底层端子用以连接 DC 24V 电源的 +24V 端子和 0V 端子。

　　装置侧接线端口和 PLC 侧接线端口之间通过专用电缆连接。其中 25 针接头电缆连接 PLC 的输入信号，15 针接头电缆连接 PLC 的输出信号。

3. YL–335B 型光机电一体化设备的控制系统

　　YL–335B 型光机电一体化设备的每一个工作单元的工作都由一台 PLC 控制。各工作单的 PLC 配置如下：

- 输送单元：FX1N - 40MT 主单元，共 24 点输入，16 点晶体管输出。
- 供料单元：FX2N - 32MR 主单元，共 16 点输入，16 点继电器输出。
- 加工单元：FX2N - 32MR 主单元，共 16 点输入，16 点继电器输出。
- 装配单元：FX2N - 48MR 主单元，共 24 点输入，24 点继电器输出。
- 分拣单元：FX2N - 32MR 主单元，共 16 点输入，16 点继电器输出。

每一个工作单元都可以成为一个独立的系统，同时也可以通过网络互连构成一个分布式的控制系统。

（1）当工作单元自成一个独立的系统时，其设备运行的主令信号以及运行过程中的状态显示信号来源于该工作单元的按钮指示灯模块。按钮指示灯模块如图 1-12 所示。模块上的指示灯和按钮的端脚全部引到端子排上。

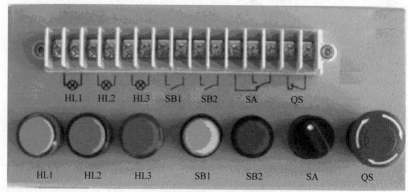

图 1-12　按钮指示灯模块

模块盒上的器件包括：

① 指示灯（DC 24V）：黄色（HL1）、绿色（HL2）、红色（HL3）各一只。

② 主令器件：绿色常开按钮 SB1 一只、红色常开按钮 SB2 一只、选择开关 SA（一对转换触点）、急停按钮 QS（一个常闭触点）。

（2）当各工作单元通过网络互连构成一个分布式的控制系统时，对于采用三菱 FX 系列 PLC 的设备，YL - 335B 型光机电一体化设备的标准配置是采用基于 RS485 串行通信的 N: N 通信方式。设备出厂的控制方案如图 1-13 所示。

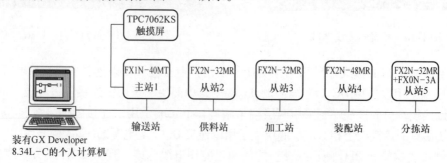

图 1-13　YL - 335B 型光机电一体化设备的控制方案

（3）人机界面。系统运行的主令信号（复位、启动、停止等）通过触摸屏人机界面给出。同时，人机界面上也显示系统运行的各种状态信息。

人机界面是在操作人员和机器设备之间进行双向沟通的桥梁。人机界面能够明确指示并告知操作员机器设备目前的状况，使操作变得简单生动，并且可以减少操作上的失误，即使是新手也可以很轻松地操作整个机器设备。使用人机界面可以使机器的配线标准化、简单化，同时也能减少 PLC 控制所需的 I/O 点数，降低生产成本。由于面板控制的小型化及高性能，相对地提高了整套设备的附加价值。

YL–335B 型光机电一体化设备采用了昆仑通态（嵌入式通用监控系统，MCGS）TPC7062KS 触摸屏作为它的人机界面。TPC7062KS 是一款以嵌入式低功耗中央处理器（Central Processing Unit，简称 CPU）（主频 400MHz）为核心的高性能嵌入式一体化工控机。该产品在设计上采用了 7in（1in = 25.4mm）高亮度（Thin Film Transistor，简称 TFT）液晶显示屏（分辨率"800 × 480"），四线电阻式触摸屏（分辨率"4096 × 4096"），同时还预装了微软嵌入式实时多任务操作系统 WinCE. NET（中文版）和嵌入式通用监控系统（Monitor and Control Generated System for Embeded，简称 MCGS）组态软件（运行版）。TPC7062KS 触摸屏的使用、人机界面的组态方法，将在学习情境 5 中介绍。

4. 供电电源

YL–335B 型光机电一体化设备的电气部分主要由电源模块、按钮模块、可编程序控制器（PLC）模块、变频器模块、三相异步电动机、接线端子排等组成。所有的电气元件均连接到接线端子排上，通过接线端子排连接到安全插孔中，由安全插孔连接到各个模块，以提高实训考核装置的安全性。

YL–335B 型光机电一体化设备要求外部供电电源为三相五线制 AC 380V/220V。图 1-14、图 1-15 所示为供电电源模块一次回路原理图和配电箱安装图。在图 1-14 中，总电源开关选用 DZ47LE–32/C32 型三相四线制剩余电流断路器。系统各主要负载均通过各自的断路器单独供电。其中，变频器电源通过 DZ47C16/3P 型三相断路器供电；各工作站 PLC 均采用 DZ47C5/1P 单相断路器供电。此外，系统配置了 4 台 DC 24V 6A 开关稳压电源分别用在供料、加工和分拣单元，输送单元配置了直流电源。

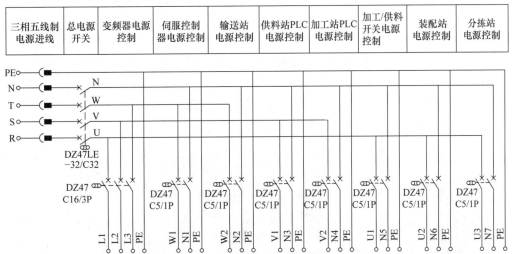

图 1-14　供电电源模块一次回路原理图

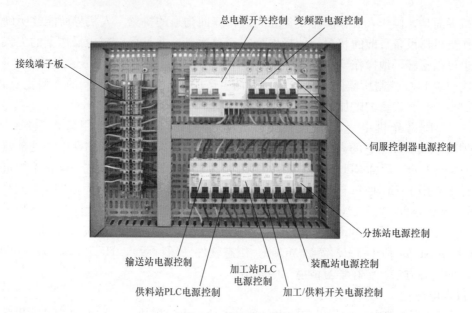

总电源开关控制　变频器电源控制

接线端子板

伺服控制器电源控制

分拣站电源控制

输送站电源控制

装配站电源控制

加工站PLC
电源控制

供料站PLC电源控制　加工/供料开关电源控制

图 1-15　配电箱安装图

5. 气源处理装置

（1）气源处理的必要性。从空压机输出的压缩空气中含有大量的水分、油分和粉尘等污染物。压缩空气质量不良是气动系统出现故障的最主要因素，它会使气动系统的可靠性和使用寿命大大降低。因此，压缩空气进入气动系统前应进行二次过滤，以便滤除压缩空气中的水分、油滴以及杂质，达到启动系统所需要的净化程度。

为确保系统压力稳定，减小因气源气压突变对阀门或执行器等硬件造成的损伤，进行空气过滤后，应调节或控制气压的变化，并将降压后的压力值固定在需要的值上。实现方法是使用减压阀。

气压系统的机体运动部件需要进行润滑。对不方便加润滑油的部件可以采用油雾器进行润滑。油雾器是气压系统中一种特殊的注油装置，其作用是把润滑油雾化后，经压缩空气携带进入系统各润滑部位，满足系统润滑的需要。

工业上的气动系统，常常使用组合起来的气动三联件作为气源处理装置。气动三联件是指空气过滤器、减压阀和油雾器。各元件之间采用模块式组合的方式连接。气动三联件如图 1-16 所示。这种连接方式安装简单，密封性好，易于实现标准化、系列化，可缩小外形尺寸，节省空间和配管，便于维修，便于集中管理。

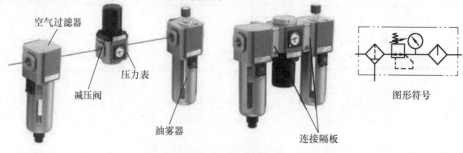

空气过滤器

压力表

减压阀

油雾器

连接隔板

图形符号

图 1-16　气动三联件

有些品牌的电磁阀和气缸能够实现无油润滑（利用润滑脂实现润滑），因此不需要使用油雾器。这时只需把空气过滤器和减压阀组合在一起，可以称其为气动二联件。YL-335B型光机电一体化设备的所有气缸都是无油润滑气缸。

（2）YL-335B型光机电一体化设备的气源处理组件。YL-335B型光机电一体化设备的气源处理组件采用的是空气过滤器和减压阀集装在一起的气动二联件结构，组件及其气动原理分别如图1-17a、b所示。

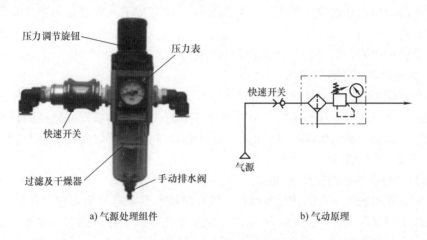

图1-17　YL-335B型光机电一体化设备的气源处理组件及气动原理

气源处理组件的输入气源来自空气压缩机，所提供的压力要求为0.6～1.0MPa。组件的气路入口处安装了一个快速气路开关，用于启/闭气源。当把气路开关向左拔出时，气路接通气源，反之把气路开关向右推入时气路关闭。组件的输出压力为0～0.8MPa可调。输出的压缩空气通过快速三通接头和气管输送到各工作单元。在进行压力调节时及转动旋钮前应先拉起再旋转，压下旋转钮为定位。旋钮向右旋转为调高出口压力，向左旋转为调低出口压力。调节压力时应逐步均匀地调至所需压力值，不应一步调节到位。

该组件的空气过滤器采用手动排水方式。手动排水时在水位达到滤芯下方最高标线之前必须把水排出。因此，使用时应注意经常检查过滤器中凝结水的水位，在超过最高标线以前必须排放，以免被重新吸入。

1.4　情境实施

1.4.1　初识光机电一体化设备的基本组成

1. 初识光机电一体化设备实训平台的基础件

（1）清点光机电一体化设备实训平台所配置的主要部件并加以记录。

（2）清点光机电一体化设备实训平台所配置的主要工作单元并加以记录。

2. 初识光机电一体化设备实训平台

（1）认识光机电一体化设备实训平台的机械组成部分并加以记录。

（2）认识光机电一体化设备实训平台的传感器组成部分并加以记录。

(3) 认识光机电一体化设备实训平台的 PLC 组成部分并加以记录。

(4) 认识光机电一体化设备实训平台的线路连接组成部分并加以记录。

1.4.2　初识光机电一体化设备的安装与调试过程

1. 初识气动系统的安装与调试

选用该装置配置的单出杆气缸、单出双杆气缸、旋转气缸等气动执行元件和单控电磁换向阀、双控电磁换向阀和磁性开关等气动控制元件，可完成下列气动技术的工作任务：气动方向控制回路的安装，气动速度控制回路的安装，摆动控制回路的安装，气动顺序控制回路的安装，气动机械手装置的安装，气动系统的安装与调试。

2. 初识机电设备的安装与调试

选用该装置配置的机电一体化设备部件、PLC 模块、变频器模块和指令开关、传感器等，可完成下列机电设备的安装和机电一体化技术的工作任务：传动装置同轴度的调整，传送带输送机的安装与调整，搬运机械手设备的安装与调试，物件分拣设备的安装与调试，送料设备的安装与调试，整机设备的安装与调试。

3. 初识自动控制系统的安装与调试

选用该装置配置的机电一体化设备部件、PLC 模块、变频器模块和指令开关、传感器等，可完成下列机电设备的安装和机电一体化技术的工作任务：多种传感器的安装与调试，机械手的自动控制，传送带输送机的自动控制，机电一体化设备的自动控制，PLC 控制系统的安装与调试，整机控制系统的安装与调试。

4. 初识 PLC 工业通信网络的安装及调试

系统选用三菱 PLC 主控制器，配合 FX1N – 485BD 网络模块，基于本网络通信功能，可完成下列工业现场总线通信技术训练任务：N：N 网络的硬件连接与调试，N：N 网络的参数设置与调试，基于多台 PLC 的复杂网络数据读写程序编写与调试。

1.5　情境小结

通过本学习情境的学习了解光机电一体化设备的功能、作用、特点以及发展概况；了解 YL – 335B 型光机电一体化设备的基本结构及机电一体化应用技术。最后具备初步分析光机电一体化设备的结构功能及应用技术的能力。

1.6　情境自测

1. 简述光机电一体化设备的概念。

2. YL – 335B 型光机电一体化设备的功能有哪些？

供料站的安装、调试与维护

2.1 情境导入

供料站是 YL－335B 型光机电一体化设备中的起始站，在整个系统中，起着向系统中的其他站提供原料的作用。具体的功能是：按照需要将放置在料仓中待加工的工件（原料）自动地推到物料台上，以便输送站的机械手将其抓取，再输送到其他站上。图 2-1 所示为 YL－335B 型光机电一体化设备供料站实物。

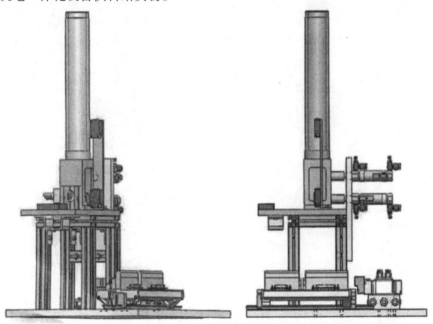

图 2-1　供料站实物

2.2 学习目标

1）掌握直线气缸、单电控电磁阀等基本气动元件的功能、特性，并能构成基本的气动系统，能连接和调整气路。

2）掌握生产线中磁性开关、光电接近开关、电感式接近开关等传感器的结构、特点及电气接口特性，能在自动化生产线中进行各传感器的安装和调试。

3）掌握用步进指令编写单序列顺序控制程序的方法，掌握子程序调用等基本功能指令。

4）能在规定时间内完成供料单元的安装和调整，进行控制程序的设计和调试，并能解决安装与运行过程中出现的常见问题。

5）培养独立查阅参考文献和思考的能力。

6）培养正确使用工具、劳动防护用品、清扫车间等良好的职业素养。

2.3 知识衔接

2.3.1 认知供料站单元的结构和工作过程

供料站单元的主要组成部分为：工件装料管、工件推出装置、支承架、电磁阀组、端子排组件、PLC、急停按钮和启动/停止按钮、走线槽、底板等。其中，机械部分的结构组成如图 2-2 所示。

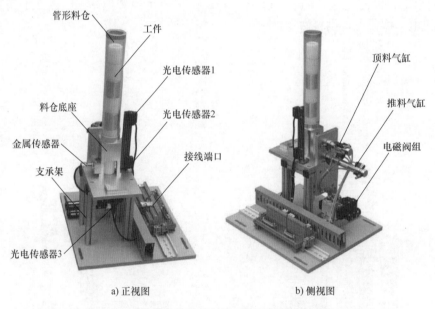

a）正视图　　　　b）侧视图

图 2-2　供料站单元的机械部分的结构组成

其中，管形料仓和工件推出装置用于储存工件原料，并在需要时将料仓最下层的工件推到出料台上。它主要由管形料仓、推料气缸、顶料气缸、磁感应接近开关、漫射式光电传感器组成。

该部分的工作原理是：工件垂直叠放在料仓中，推料气缸处于料仓的底层，并且其活塞杆可从料仓的底部通过。当活塞杆在退回位置时，它与最下层工件处于同一水平位置，而顶料气缸则与次下层工件处于同一水平位置。在需要将工件推到物料台上时，首先使顶料气缸的活塞杆推出，压住次下层工件；然后使推料气缸活塞杆推出，从而把最下层工件推到物料台上。在推料气缸活塞杆返回并从料仓底部抽出后，再使顶料气缸返回，松开次下层工件。这样，料仓中的工件在重力作用下，就自动向下移动一个工件，为下一次推出工件做好准备。供料操作示意图如图2-3所示。

在底座和管形料仓第4层工件位置上，分别安装了一个漫射式光电接近开关。它们的功能是检测料仓中有无储料或储料是否足够。若该部分机构内没有工件，则处于底层和第4层位置的两个漫射式光电接近开关均处于常态；若在底层仅有3个工件，则底层处漫射式光电接近开关动作而第4层处漫射式光电接近开关处于常态，表明工件已经快用完了。这样，料仓中有无储料或储料是否足够，就可用这两个漫射式光电接近开关的信号状态反映出来。

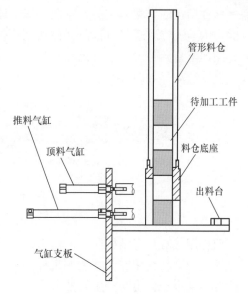

图2-3　供料操作示意图

推料缸把工件推到出料台上。出料台面开有小孔，出料台下面设有一个圆柱形漫射式光电接近开关，工作时漫射式光电接近开关向上发出光线，从而透过小孔检测是否有工件存在，以便向系统提供本单元出料台有无工件的信号。在输送单元的控制程序中，就可以利用该信号状态来判断是否需要驱动机械手装置来抓取此工件。

2.3.2　供料单元的气动元件

1. 标准双作用直线气缸

标准气缸是指气缸的功能和规格是普遍使用的、结构容易制造的、制造厂通常作为通用产品供应市场的气缸。

在气缸运动的两个方向上，根据受气压控制的方向个数的不同，可分为单作用气缸和双作用气缸。

单作用气缸在缸盖一端气口输入压缩空气使活塞杆伸出（或缩回），而另一端靠弹簧力、自重或其他外力等使活塞杆恢复到初始位置。单作用气缸只在动作方向上需要压缩空气，故可节约一半压缩空气，主要用在夹紧、退料、阻挡、压入、举起和进给等操作上。

根据复位弹簧的位置将作用气缸分为预缩型气缸和预伸型气缸，如图2-4所示。当弹簧装在有杆腔内时，由于弹簧的作用力而使气缸活塞杆初始位置处于缩回位置，这种气缸称为预缩型气缸；当弹簧装在无杆腔内时，气缸活塞杆初始位置为伸出位置，称为预伸型气缸。

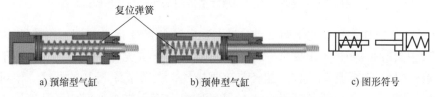

a) 预缩型气缸　　　　　　　　b) 预伸型气缸　　　　　　c) 图形符号

图2-4　单作用气缸工作示意图

双作用气缸是应用最为广泛的气缸，其动作原理是：从无杆腔端的气口输入压缩空气时，若气压作用在活塞端面上的力克服了运动摩擦力、负载等各种反作用力而使活塞前进时，有杆腔内的空气经该端气口排出，使活塞杆伸出。同样，当有杆腔端气口输入压缩空气时，活塞杆缩回至初始位置。通过无杆腔和有杆腔交替进气和排气，活塞杆伸出和缩回，气缸实现往复直线运动，如图2-5所示。

活塞杆伸出

排气 ↓　　　　　　　　进气 ↑　　　　　图形符号

图2-5　双作用气缸工作示意图

双作用气缸具有结构简单，输出作用力稳定，行程可根据需要选择的优点，但由于是利用压缩空气交替作用在活塞上实现伸缩运动的，回缩时压缩空气的有效作用面积较小，所以产生的力要小于伸出时产生的推力。

为了使气缸的动作平稳可靠，应对气缸的运动速度加以控制，常用的方法是使用单向节流阀来实现。

单向节流阀是由单向阀和节流阀并联而成的流量控制阀，常用于控制气缸的运动速度，所以又称为速度控制阀。单向阀的功能是靠单向型密封圈来实现的。图2-6给出一种单向节流阀剖视图。当空气从气缸排气口排出时，单向密封圈处在封堵状态，单向阀关闭，这时只能通过调节手轮，使节流阀杆上下移动，改变气流开度，从而达到节流的目的。反之，在进气时，单向密封圈被气流冲开，单向阀开启，压缩空气直接进入气缸进气口，节流阀不起作用。因此，这种节流方式称为排气节流方式。

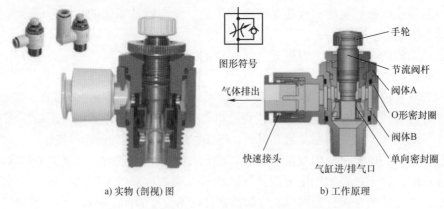

图形符号

气体排出

快速接头

a) 实物（剖视）图

手轮

节流阀杆

阀体A

O形密封圈

阀体B

单向密封圈

气缸进/排气口

b) 工作原理

图2-6　排气节流方式的单向节流阀剖视图及工作原理

图2-7给出了双作用气缸装上两个排气型单向节流阀的连接示意图，当压缩空气从A端进入、从B端排出时，单向节流阀A的单向阀开启，向气缸无杆腔快速充气；由于单向节流阀B的单向阀关闭，有杆腔的气体只能经节流阀排气，调节节流阀B的开度，便可改变气缸伸出时的运动速度。反之，调节节流阀A的开度则可改变气缸缩回时的运动速度。这种控制方式，活塞运行稳定，是最常用的方式。

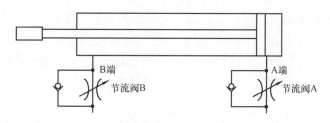

图 2-7　节流阀连接和调整原理示意图

　　节流阀上带有气管的快速接头，只要将合适外径的气管插到快速接头上就可以将管连接好了，使用时十分方便。图 2-8 是安装了带快速接头的限出型气缸节流阀的气缸外观。

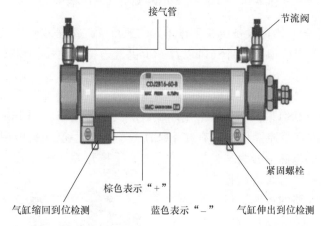

图 2-8　安装上节流阀的气缸

2. 单电控电磁换向阀、电磁阀组

　　如前所述，顶料或推料气缸，其活塞的运动是依靠向气缸一端进气，并从另一端排气，再反过来，从另一端进气，一端排气来实现的。气体流动方向的改变则由能改变气体流动方向或通断的控制阀即方向控制阀加以控制。在自动控制中，方向控制阀常采用电磁控制方式实现方向控制，称为电磁换向阀。

　　电磁换向阀是利用其电磁线圈通电时，静铁心对动铁心产生电磁吸力使阀芯切换，达到改变气流方向的目的的。图 2-9 所示为一个单电控二位三通电磁换向阀的工作原理示意图。

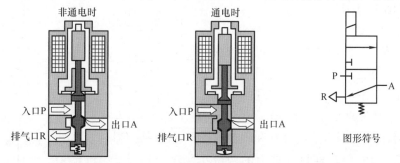

图 2-9　单电控电磁换向阀的工作原理

　　所谓"位"指的是为了改变气体方向，阀芯相对于阀体所具有的不同工作位置。"通"

的含义则指换向阀与系统相连的通口，有几个通口即为几通。图 2-9 中，只有两个工作位置，具有供气口 P、工作口 A 和排气口 R，故为二位三通阀。

图 2-10 分别给出二位三通、二位四通和二位五通单电控电磁换向阀的图形符号，图形中有几个方格就是几位，方格中的"┳"和"┻"符号表示各接口互不相通。

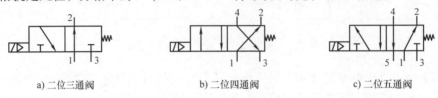

a) 二位三通阀　　　　　　　　b) 二位四通阀　　　　　　　　c) 二位五通阀

图 2-10　部分单电控电磁换向阀的图形符号

YL－335B 型光机电一体化设备所有工作单元的执行气缸都是双作用气缸，控制它们工作的电磁阀需要有两个工作口和两个排气口以及一个供气口，故使用的电磁阀均为二位五通电磁阀。

供料单元用了两个二位五通的单电控电磁阀。这两个电磁阀带有手动换向加锁钮，有锁定（LOCK）和开启（PUSH）两个位置。用小螺钉旋具把加锁钮旋到 LOCK 位置时，手控开关向下凹进去，不能进行手控操作。只有在 PUSH 位置时，手控开关可用工具向下按，信号为"1"，等同于该侧的电磁信号为"1"；在常态时，手控开关的信号为"0"。在进行设备调试时，可以使用手控开关对阀进行控制，从而实现对相应气路的控制，以改变对推料气缸等执行机构的控制，达到调试的目的。

两个电磁阀集中安装在汇流板上。汇流板中两个排气口末端均连接了消声器，消声器的作用是减小压缩空气向大气排放时的噪声。这种将多个阀与消声器、汇流板等集中在一起构成的一组控制阀的集成称为阀组，而每个阀的功能是彼此独立的。电磁阀组的结构如图 2-11 所示。

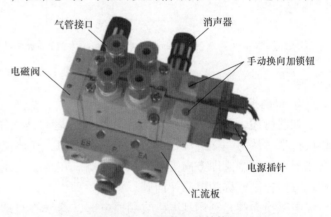

图 2-11　电磁阀组的结构

3. 气动控制回路

能传输压缩空气并使各种气动元件按照一定规律动作的通道即为气动控制回路。气动控制回路的控制逻辑是由 PLC 实现的。气动控制回路的工作原理如图 2-12 所示。

图中 1A 和 2A 分别为推料气缸和顶料气缸。1B1 和 1B2 为安装在推料气缸上的两个极限工作位置的磁感应接近开关，2B1 和 2B2 为安装在顶料气缸上的两个极限工作位

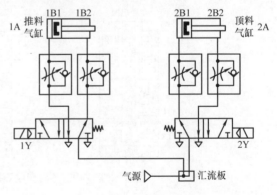

图 2-12　供料单元气动控制回路的工作原理

置的磁感应接近开关。1Y 和 2Y 分别为控制推料气缸和顶料气缸的电磁阀的电磁控制端。通常，这两个气缸的初始位置均设定在缩回状态。

2.3.3 认知有关传感器（接近开关）

YL-335B 型光机电一体化设备各工作单元所使用的传感器都是接近开关，它利用传感器对所接近的物体具有的敏感特性来达到识别物体接近程度并输出相应开关信号的目的。

接近传感器有多种检测方式，包括利用电磁感应引起检测对象的金属体中产生涡电流的方式、捕捉检测体的接近引起的电气信号容量变化的方式、利用磁石和引导开关的方式、利用光电效应和光电转换器件作为检测元件等。YL-335B 型光机电一体化设备所使用的是磁感应式接近开关（或称为磁性开关）、电感式接近开关、漫射式光电接近开关和光纤型光电传感器等。这里只介绍磁性开关、电感式接近开关和漫射式光电接近开关，光纤型光电传感器将在装配单元实训项目中介绍。

1. 磁性开关

YL-335B 型光机电一体化设备所使用的气缸都是带磁性开关的气缸。这些气缸的缸筒采用磁导率低、隔磁性强的材料，如硬铝、不锈钢等。在非磁性体的活塞上安装了一个永磁性磁环，这样就提供了一个反映气缸活塞位置的磁场。而安装在气缸外侧的磁性开关则是用来检测气缸活塞位置，即检测活塞的运动行程的。

有触点式的磁性开关用舌簧开关作为磁场检测元件。舌簧开关成型于合成树脂块内，并且一般动作指示灯、过电压保护电路也塑封在内。图 2-13 是带磁性开关气缸的工作原理。当气缸中随活塞移动的磁环靠近舌簧开关时，舌簧开关的两根簧片被磁化而相互吸引，触点闭合；当磁环移开舌簧开关后，簧片失去磁性，触点断开。触点闭合或断开时发出电控信号，在 PLC 的自动控制中，可以利用该信号判断推料及顶料气缸的运动状态或所处的位置，以确定工件是否被推出或气缸是否返回。

在磁性开关上设置的发光二极管（Light Emitting Diode，简称 LED）用于显示其信号状态，供调试时

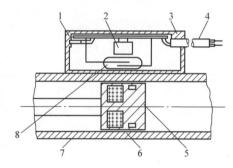

图 2-13 带磁性开关气缸的工作原理
1—动作指示灯 2—保护电路 3—开关外壳
4—导线 5—活塞 6—磁环（永久磁铁）
7—缸筒 8—舌簧开关

使用。磁性开关动作时，输出信号"1"，LED 亮；磁性开关不动作时，输出信号"0"，LED 不亮。

磁性开关的安装位置可以调整，调整方法是松开它的紧定螺栓，让磁性开关顺着气缸滑动，到达指定位置后，再旋紧紧定螺栓。

磁性开关有蓝色和棕色两根引出线，使用时蓝色引出线应连接到 PLC 输入公共端，棕色引出线应连接到 PLC 输入端。磁性开关的内部电路如图 2-14 中粗点画线框内所示。

2. 电感式接近开关

电感式接近开关是利用电涡流效应制造的传感器。电涡流效应是指，当金属物体处于一个交变的磁场中时，在金属内部会产生交变的电涡流，该电涡流又会反作用于产生它的磁场的这种物理效应。如果这个交变磁场是由一个电感线圈产生的，则这个电感线圈中的电流就

会发生变化，用于平衡涡流产生的磁场。

利用这一原理，以高频振荡器（*LC* 振荡器）中的电感线圈作为检测元件，当被测金属物体接近电感线圈时产生了涡流效应，引起振荡器振幅或频率的变化，由传感器的信号调整电路（包括检波、放大、整形、输出等电路）将该变化转换成开关量，继而输出出去，从而达到检测目的。电感式传感器的工作原理如图 2-15a 所示。常见的电感式传感器外形有圆柱形、螺纹形、长方体形和 U 形等几种，供料单元中，为了检测待加工工件（金属材料）是否已加入管形料仓，在供料管底座侧面安装了一个圆柱形电感式传感器，如图 2-15b 所示。输送单元的原点开关则采用长方体形，如图 2-15c 所示。

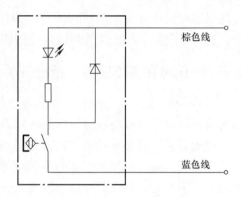

图 2-14   磁性开关内部电路

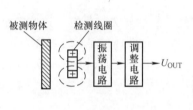

a) 电感式传感器原理　　　　b) 供料单元的金属检测器　　　　c) 输送单元的原点开关

图 2-15   电感式传感器

在电感式接近开关的选用和安装中，必须认真考虑检测距离、设定距离，以保证生产线上的传感器可靠动作。安装距离注意事项如图 2-16 所示。

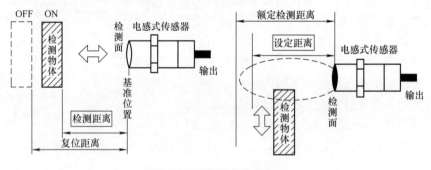

图 2-16   安装距离注意事项

3. 漫射式光电接近开关

（1）光电接近开关的类型。光电传感器 是利用光的各种性质，检测物体的有无和表面状态的变化等的传感器。其中输出形式为开关量的传感器为光电接近开关。

光电接近开关主要由光发射器和光接收器构成。如果光发射器发射的光线因检测物体不同而被遮掩或反射，到达光接收器的量将会发生变化。光接收器的敏感元件将检测出这种变化，并转换为电气信号，继而输出出去。光发射器大多使用可见光（主要为红色，也有用绿色、蓝色的）和红外光。

按照接收器接收光的方式的不同，光电接近开关可分为对射式、反射式和漫射式3种，如图2-17所示。

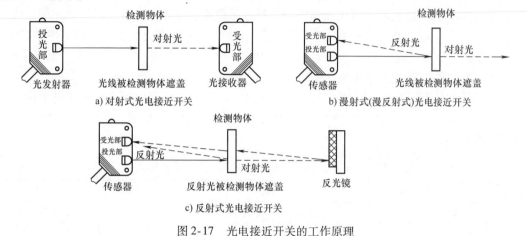

a) 对射式光电接近开关　　　　　　b) 漫射式(漫反射式)光电接近开关

c) 反射式光电接近开关

图2-17　光电接近开关的工作原理

（2）漫射式光电接近开关的功能。漫射式光电接近开关是利用光照射到被测物体上后反射回来光线而工作的，由于物体反射的光线为漫射光，故称为漫射式光电接近开关。它的光发射器与光接收器处于同一侧位置，且为一体化结构。在工作时，光发射器始终发射检测光，若漫射式光电接近开关前方一定距离内没有物体，则没有光被反射到光接收器，漫射式光电接近开关处于常态而不动作；反之若漫射式光电接近开关的前方一定距离内出现物体，只要反射回来的光强度足够，则光接收器接收到足够的漫射光就会使漫射式光电接近开关动作而改变输出的状态。

在供料单元中，用来检测工件不足或工件有无的漫射式光电接近开关选用的是神视公司的 CX－441 型漫射式光电接近开关，该开关是一种小型、可调节检测距离、放大器内置的反射型光电传感器，具有光束细小（光点直径约2mm）、可检测同等距离的黑色和白色物体、检测距离可精确设定等特点。该漫射式光电接近开关的外形和顶端面上的调节旋钮及指示灯如图2-18所示。

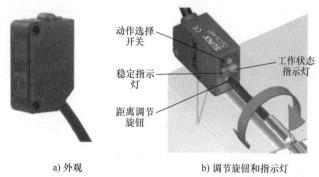

a) 外观　　　　　　b) 调节旋钮和指示灯

图2-18　CX－441型光电接近开关的外形和调节旋钮、指示灯

图2-18b 中动作选择开关的功能是选择受光动作（Light）或遮光动作（Drag）模式，即当此开关按顺时针方向充分旋转时（Linght侧），则进入检测"ON"模式；当此开关按逆时针方向充分旋转时（Drag侧），则进入检测"OFF"模式。

工作状态指示灯为橙色 LED（输出 ON 时亮起），稳定指示灯为绿色 LED（稳定工作状态时亮起）。

距离调节旋钮是5回转调节器，调整距离时注意逐步轻微旋转，否则若充分旋转，距离调节器会出现空转现象。调整的方法与所选择的检测模式有关。

CX–441 型漫射式光电接近开关有背景抑制（Background Suppression，简称 BGS）和前景抑制（Foreground Suppression，简称 FGS）两种功能的检测模式供用户选择，当被检测物体远离背景时，选择 BGS 功能；当被检测物体与背景接触或被检测物体是有光泽的物体等情况时，可选择 FGS 功能。对于供料单元中用来检测在管形料仓是否装有充足的工件时，漫射式光电接近开关宜选用 BGS 功能。例如，当管形料仓内有 4 个以上工件时，"工件不足"传感器应确保动作（假定动作选择开关选择为受光动作），而当料仓内少于 4 个工件时，即使顺着发射光方向在料仓后面有干扰物，传感器也不动作。反之，对于供料单元中用来检测工件有没有时，因工件与背景接近（料仓管座中装有电感式传感器）宜选用 FGS 功能。两种模式的距离设定方法可按表 2-1 进行。

表 2-1　CX–441 型光电接近开关的距离设定方法

BGS 功能距离设定方法			FGS 功能距离设定方法		
步骤	说明	距离调节器	步骤	说明	距离调节器
①	按逆时针方向将距离调节器充分旋到最小检测距离（约 20mm）	N F 充分旋转	①	按顺时针方向将距离调节器充分旋到最大检测距离（约 50mm）	N F 充分旋转
②	根据要求距离放置检测物体，按顺时针方向逐步旋转距离调节器，找到传感器进入检测条件的点 A	Ⓐ N F	②	在传感器检测背景的状态下，按逆时针方向逐步旋转距离调节器，找到传感器进入非检测条件的点 A	Ⓐ N F
③	拉开检测物体距离，按顺时针方向进一步旋转距离调节器，找到传感器再次进入检测状态，一旦进入，向后旋转距离调节器直到传感器回到非检测状态的点 B	Ⓐ Ⓑ N F	③	根据要求距离放置检测物体，按逆时针方向进一步旋转调节器，直到传感器进入非检测状态。一旦进入，向后旋转距离调节器直到传感器回到检测条件，该位置为点 B	Ⓐ Ⓑ N F
④	两点之间的中点为稳定检测物体的最佳位置	Ⓐ 最佳位置 Ⓑ N F	④	两点之间的中点为稳定检测物体的最佳位置	最佳位置 Ⓐ Ⓑ N F

BGS 方式调节方法是从最近点开始搜索，找到动作点后再限定动作范围。

FGS 方式调节方法是从最远点开始搜索，找到背景点后再找检测点，然后限定动作范围。

CX–441 型漫射式光电接近开关有 4 根引出线，其内部电路的工作原理如图 2-19 所示。除电源进线、信号输出线（NPN 型晶体管集电极开路输出）外，尚有 1 根粉红色的检测模式选择输入线，用于根据背景和检测物体之间的位置选择 BGS 或 FGS 功能：当选择 BGS 功能时，粉红色线应连接到 0V；若选择 FGS 功能时，粉红色线应连接到 +V。

注意：在供料单元的实际调试中，即使把粉红色线悬空（两种检测模式均不选择），调整距离调节旋钮后，也能正确进行检测，只是该检测的要求不高，这时 CX–441 型光电接近开关只作为普通的光电传感器使用，其抗干扰能力不如正确选择检测模式的情况。

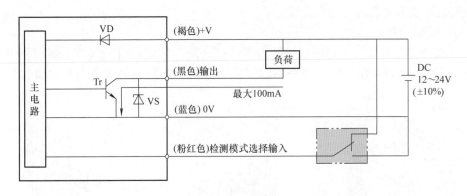

图 2-19　CX-441 型漫射式光电接近开关电路的工作原理

用来检测物料台上有无物料的光电开关是一个圆柱形漫射式光电接近开关，其在工作时向上发出光线，从而透过小孔检测是否有工件存在，该开关选用 SICK 公司的产品MHT15-N2317 型，其外形如图 2-20 所示。

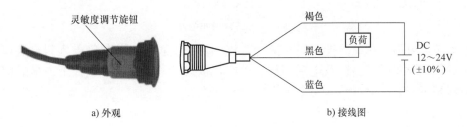

a) 外观　　　　　　　　　　　　　　b) 接线图

图 2-20　圆柱形漫射式光电接近开关

4. 接近开关的图形符号

部分接近开关的图形符号如图 2-21 所示。图 2-21a、b、c 3 种情况均使用 NPN 型晶体管集电极开路输出。如果使用 PNP 型的，正负极性应反过来。

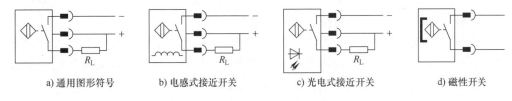

a) 通用图形符号　　　b) 电感式接近开关　　　c) 光电式接近开关　　　d) 磁性开关

图 2-21　部分接近开关的图形符号

2.4　情境实施

2.4.1　供料站单元的安装技能训练

1. 训练目标

将供料站单元拆开成组件和零件的形式，然后再组装成原样，安装内容包括机械部分的装配、气路的连接和调整以及电气接线。

2. 安装步骤和方法

（1）机械部分的安装。首先把供料站各零件组合成整体安装时的组件，然后把组件进行组装。所组合成的组件包括：①铝合金型材支承架组件；②料仓底座及出料台组件；③推料机构组件，如图 2-22 所示。

铝合金型材支承架　　　　　　　料仓底座及出料台　　　　　　　推料机构

图 2-22　供料单元组件

各组件装配好后，用螺栓把它们连接为整体，再用橡胶锤把装料管敲入料仓底座，然后将连接好的供料站机械部分以及电磁阀组、PLC 和接线端子排固定在底板上，最后固定底板并完成供料站的安装。

安装过程中应注意的事项：

① 装配铝合金型材支承架时，注意调整好各条边的平行度及垂直度，锁紧螺栓。

② 气缸安装板和铝合金型材支承架的连接，是靠预先在特定位置的铝型材 T 形槽中放置预留与之相配的螺母而实现的。因此在对该部分的铝合金型材进行连接时，一定要在相应的位置放置相应的螺母。如果没有放置螺母或没有放置足够多的螺母，将造成无法安装或安装不可靠。

③ 机械机构固定在底板上的时候，需要将底板移动到操作台的边缘，螺栓从底板的反面拧入，将底板和机械机构部分的支撑型材连接起来。

（2）气路的连接和调试。连接步骤：从汇流排开始，按图 2-12 所示的气动控制回路的工作原理连接电磁阀、气缸。连接时注意应按序排布气管走向，应保证气管排布均匀美观、不交叉、不打折；气管要在快速接头中插紧，不能有漏气现象。

气路调试包括：①用电磁阀上的手动换向加锁钮验证顶料气缸和推料气缸的初始位置和动作位置是否正确。②调整气缸节流阀以控制活塞杆的往复运动速度，伸出速度以不推倒工件为准。

（3）电气接线。电气接线包括：在工作单元装置侧完成各传感器、电磁阀、电源端子等引线到装置侧接线端口之间的接线；在 PLC 侧进行电源连接、I/O 点接线等。供料站单元装置侧的接线端口信号端子的分配见表 2-2。

接线时应注意，装置侧接线端口中，输入信号端子的上层端子（+24V）只能作为传感器的正电源端，切勿用于电磁阀等执行元件的负载。电磁阀等执行元件的正电源端和 0V 端应连接到输出信号端子下层端子的相应端子上。装置侧接线完成后，应用扎带绑扎，力求整齐美观。

表 2-2　供料站单元装置侧的接线端口信号端子的分配

输入端口中间层			输出端口中间层		
端子号	设备符号	信号线	端子号	设备符号	信号线
2	1B1	顶料到位	2	1Y	顶料电磁阀
3	1B2	顶料复位	3	2Y	推料电磁阀
4	2B1	推料到位			
5	2B2	推料复位			
6	SC1	出料台物料检测			
7	SC2	物料不足检测			
8	SC3	物料有无检测			
9	SC4	金属材料检测			
10~17#端子没有连接			4~14#端子没有连接		

　　PLC 侧的接线包括：电源接线、PLC 的 I/O 点和 PLC 侧接线端口之间的连线、PLC 的 I/O 点与按钮指示灯模块的端子之间的连线。具体接线要求与工作任务有关。电气接线的工艺应符合国家职业标准的规定，例如，导线连接到端子时，采用压紧端子压接方法；连接线必须有符合规定的标号；每一端子连接的导线不超过两根等。

2.4.2　供料站单元的 PLC 控制实训

1. 工作任务

　　本项目只考虑供料单元作为独立设备运行时的情况，单元工作的主令信号和工作状态显示信号来自 PLC 旁边的按钮/指示灯模块。并且，按钮/指示灯模块上的工作方式选择开关 SA 应置于"单机方式"位置。具体的控制要求为：

　　① 设备通电和气源接通后，若工作单元的两个气缸均处于缩回位置，且料仓内有足够的待加工工件，则"正常工作"指示灯 HL1 常亮，表示设备准备好。否则，该指示灯以 1Hz 频率闪烁。

　　② 若设备准备好，按下起动按钮，工作单元起动，"设备运行"指示灯 HL2 常亮。起动后，若出料台上没有工件，则应把工件推到出料台上。出料台上的工件被人工取出后，若没有停止信号，则进行下一次推出工件操作。

　　③ 若在运行中按下停止按钮，则在完成本周期工作任务后，各工作单元停止工作，HL2 指示灯熄灭。

　　④ 若在运行中料仓内工件不足，则工作单元继续工作，但"正常工作"指示灯 HL1 以 1Hz 的频率闪烁，"设备运行"指示灯 HL2 保持常亮。若料仓内没有工件，则 HL1 指示灯和 HL2 指示灯均以 2Hz 频率闪烁。工作站在完成本周期任务后停止。除非向料仓补充足够的工件，否则工作站不能再起动。

　　要求完成如下任务：

　　第 1 步　规划 PLC 的 I/O 分配及接线端子分配。

　　第 2 步　进行系统安装接线。

　　第 3 步　按控制要求编写 PLC 程序。

第 4 步　进行调试与运行。

2. PLC 的 I/O 接线

根据工作单元装置的 I/O 信号分配（表 2-2）和工作任务要求，供料站单元 PLC 选用 FX2N – 32MR 主单元，共 16 点输入和 16 点继电器输出。PLC 的 I/O 信号分配见表 2-3，接线原理如图 2-23 所示。图 2-23 中各传感器所用电源由外部直流电源提供，没有使用 PLC 内置的 DC 24V 传感器电源。SYGJD – 02 型光机电一体化设备各工作单元均采用这一做法，今后将不再说明。

表 2-3　供料单元 PLC 的 I/O 信号分配

		输入信号				输出信号	
序号	PLC 输入点	信号名称	信号来源	序号	PLC 输出点	信号名称	信号来源
1	X000	顶料气缸伸出到位		1	Y000	顶料电磁阀	装置侧
2	X001	顶料气缸缩回到位		2	Y001	推料电磁阀	
3	X002	推料气缸伸出到位		3	Y002		
4	X003	推料气缸缩回到位	装置侧	4	Y003		
5	X004	出料台物料检测		5	Y004		
6	X005	供料不足检测		6	Y005		
7	X006	缺料检测		7	Y006		
8	X007	金属工件检测		8			
9	X010			9	Y007	正常工作指示	按钮/指示灯模块
10	X011			10	Y010	运行指示	
11	X012	停止按钮		11	Y011	缺料报警	
12	X013	起动按钮	按钮/指示灯模块				
13	X014	急停按钮（未用）					
14	X015	工作方式选择					

3. 供料站单元单机控制的编程思路

① 程序结构：程序由两部分组成，一部分是系统状态显示，另一部分是供料控制。主程序在每一扫描周期都调用系统状态显示子程序，仅当在运行状态已经建立时才可能调用供料控制子程序。

② PLC 通电后应首先进入初始状态检查阶段，确认系统已经准备就绪后，才允许投入运行，这样可及时发现存在的问题，避免出现事故。例如，若两个气缸在电源和气源接入时不在初始位置，这是气路连接错误的缘故，显然在这种情况下不允许系统投入运行。通常的 PLC 控制系统往往有这种常规的要求。

③ 供料站单元运行的主要过程是供料控制，它是一个步进顺序控制过程。其控制流程如图 2-24 所示。图中，初始步 S0 在主程序中，当系统准备就绪且接收到起动脉冲时被置位。

④ 如果没有停止要求，顺序控制过程将周而复始地不断循环。常见的顺序控制系统正常停止要求是，接收到停止指令后，系统在完成本工作周期任务即返回到初始步后才复位运行

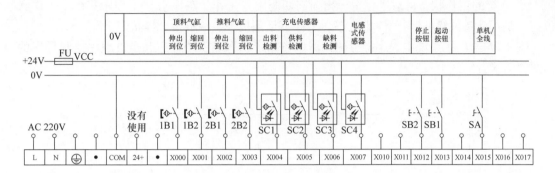

| | | 0V | | 顶料气缸 | | 推料气缸 | | 充电传感器 | | | 电感式传感器 | | 停止按钮 | 起动按钮 | | 单机/全线 |
| | | | | 伸出到位 | 缩回到位 | 伸出到位 | 缩回到位 | 出料检测 | 供料检测 | 缺料检测 | | | | | | |

+24V ── FU VCC
0V

| AC 220V | | | 没有使用 | 【◇｜ 1B1 | 【◇｜ 1B2 | ｜◇】 2B1 | ｜◇】 2B2 | SC1 | SC2 | SC3 | SC4 | | SB2 | SB1 | | SA |
| L | N | ⏚ | • | COM | 24+ | • | X000 | X001 | X002 | X003 | X004 | X005 | X006 | X007 | X010 | X011 | X012 | X013 | X014 | X015 | X016 | X017 |

MELSEC   FX2N−32MR

| COM1 | Y000 | Y001 | Y002 | Y003 | • | COM2 | Y004 | Y005 | Y006 | Y007 | • | COM3 | Y010 | Y011 | Y012 | Y013 | • | COM4 | Y014 | Y015 | Y016 | Y017 |

1Y 2Y   HL1   HL2 HL3

0V
VCC

| 0V | 顶料 | 推料 | | 0V | | 黄色 | 0V | 绿色 | 红色 |
| | 电磁阀 | | | | | | 指示灯 | | |

图 2-23   供料站单元 PLC 的 I/O 接线原理

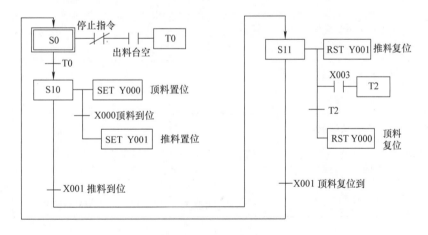

图 2-24   供料控制流程

状态停止下来。

⑤ 当料仓中最后一个工件被推出后，将发生缺料报警。推料气缸复位到位，亦即完成本工作周期任务返回到初始步后，也应退出运行状态而停止下来。与正常停止不同的是，发生缺料报警而退出运行状态后，必须向供料料仓加入足够的工件，才能再按起动按钮使系统重新起动。

⑥ 系统的工作状态可通过在每一扫描周期调用"工作状态显示"子程序获得，工作状态包括：是否准备就绪、运行/停止状态、工件不足预报警、缺料报警等状态。

图2-25给出了系统主程序梯形图，图中省略了状态显示子程序和步进顺序控制程序的梯形图，请读者继续自行完成。

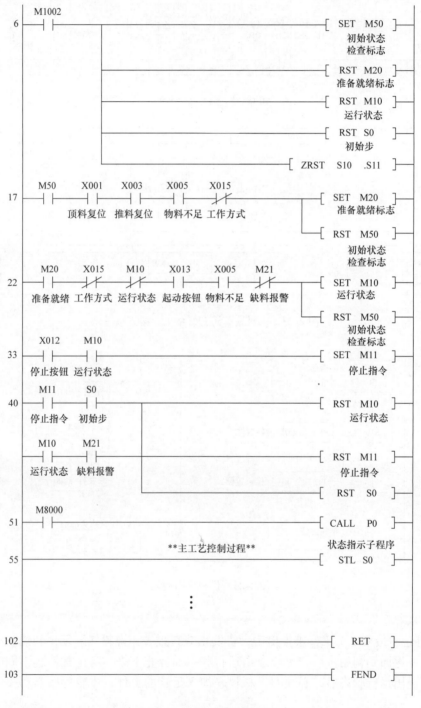

图2-25 主程序梯形图

4. 调试与运行

（1）调整气动部分，检查气路是否正确，气压是否合理，气缸的动作速度是否合理。

（2）检查磁性开关的安装位置是否到位，磁性开关工作是否正常。

（3）检查 I/O 接线是否正确。

（4）检查光电传感器安装是否合理，距离设定是否合适，保证检测的可靠性。

（5）运行程序检查动作是否满足任务要求。

（6）调试各种可能出现的情况，例如在料仓工件不足情况下，系统能否可靠工作；料仓没有工件情况下，能否满足控制要求。

（7）优化程序。

2.5　情境小结

通过本学习情境的学习掌握直线气缸、单电控电磁阀等基本气动元件的功能、特性，能构成基本的气动系统，具备连接和调整气路的能力；掌握生产线中磁性开关、光电接近开关、电感式接近开关等传感器结构、特点及电气接口特性，具备安装和调试传感器等检测元件的能力。能独立完成供料单元机电系统的安装与调试，能独立查阅参考文献和解决问题。能进行电气控制原理图的分析与绘制，根据工作任务要求设计 PLC 程序并能进行调试，养成和团队合作的工作方式，形成良好的职业素养。

2.6　情境自测

1. 总结检查气动连线、传感器接线、I/O 检测及故障排除方法。

2. 如果按钮/指示灯模块中一个按钮作其他用途，试编写只用一个按钮实现设备起动和停止的程序。

3. 简述供料单元的基本功能。

4. 分析光电开关如何表示供料单元缺料或供料不足的？

加工站的安装、调试与维护

3.1 情境导入

加工站的功能是把待加工工件从物料台移送到加工区域冲压气缸的正下方，完成对工件的冲压加工，然后把加工好的工件重新送回物料台。图 3-1 所示为 YL－335B 型光机电一体化设备加工站实物。

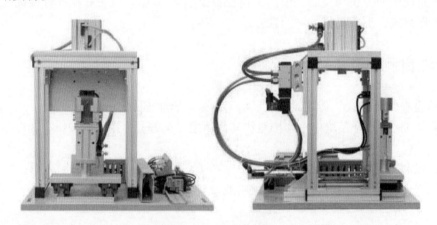

图 3-1 加工站实物

3.2 学习目标

1）掌握薄型气缸、气动手指的功能和特点，进一步训练气路连接和调整的能力。

2）掌握用条件跳转指令和主控指令处理顺序控制过程中紧急停止的方法。

3）能在规定时间内完成加工单元的安装和调整，进行控制程序的设计和调试，并能解决安装与运行过程中出现的常见问题。

4）培养独立查阅参考文献和思考的能力。

5）培养正确使用工具、劳动防护用品、清扫车间等良好的职业素养。

3.3 知识衔接

3.3.1 认知加工单元的结构和工作过程

加工单元装置侧主要组成部分为：加工台及滑动机构、加工（冲压）机构、电磁阀组、接线端口、底板等。加工单元装置侧外观如图3-2所示。

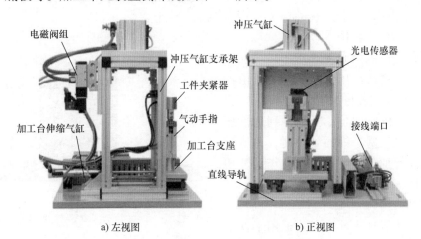

a) 左视图　　　　　　　　　　b) 正视图

图 3-2　加工单元装置侧外观

1. 加工台及滑动机构

加工台及滑动机构如图3-3所示。加工台用于固定被加工件，并把工件移到加工（冲压）机构正下方进行冲压加工。它主要由气动手指、加工台伸缩气缸、线性导轨及滑块、磁感应接近开关、漫射式光电传感器组成。

滑动加工台的工作原理是：滑动加工台在系统正常工作后的初始状态为伸缩气缸伸出、加工台气动手指张开的状态，当输送机构把物料送到加工台上，物料检测传感器检测到工件后，PLC控制程序驱动气动手指按照将工件夹紧→加工台回到加

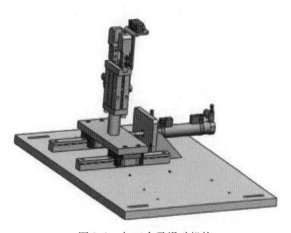

图 3-3　加工台及滑动机构

工区域冲压气缸的正下方→冲压气缸活塞杆向下伸出冲压工件→完成冲压动作后向上缩回→加工台重新伸出→到位后气动手指松开的顺序完成工件加工工序，并向系统发出加工完成信号，为下一次工件加工做好准备。

在加工台上安装有一个漫射式光电接近开关。若加工台上没有工件，则漫射式光电接近开关处于常态；若加工台上有工件，则漫射式光电接近开关动作，表明加工台上已有工件。

漫射式光电接近开关的输出信号送到加工单元 PLC 的输入端，用以判别加工台上是否有工件需要进行加工；当加工过程结束时，加工台伸出到初始位置。同时，PLC 通过通信网络，把加工完成的信号回馈给系统，以协调控制。

加工台上安装的漫射式光电接近开关仍选用 CX－441 型光电接近开关，该光电接近开关的原理和结构以及调试方法在前面已经介绍过了。

加工台伸出和返回到位的位置是通过调整伸缩气缸上两个磁性开关位置来确定的。要求缩回位置位于加工区域冲压头正下方；伸出位置应与输送单元的抓取机械手配合，确保输送单元的抓取机械手能顺利地把待加工的工件放到加工台上。

2. 加工（冲压）机构

加工（冲压）机构如图 3-4 所示。加工机构用于对工件进行冲压加工。它主要由冲压气缸、冲压头、安装板等组成。

冲压台的工作原理是：当工件到达冲压位置即伸缩气缸活塞杆缩回到位时，冲压缸伸出对工件进行加工，完成加工动作后冲压缸缩回，为下一次冲压做准备。

冲压头根据要求对工件进行冲压加工，冲压头安装在冲压缸头部。安装板用于安装冲压缸，对冲压缸进行固定。

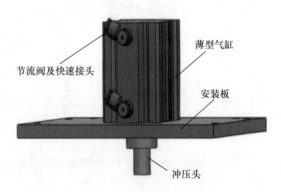

图 3-4　加工（冲压）机构

3.3.2　了解直线导轨

直线导轨是一种滚动导引装置，它由钢珠在滑块与导轨之间作无限滚动循环，使得负载平台能沿着导轨高精度地作线性运动，其摩擦因数可降至传统滑动导引摩擦因数的 1/50，使之能达到很高的定位精度。在直线传动领域中，直线导轨副一直是关键性产品，目前已成为各种机床、数控加工中心、精密电子机械中不可缺少的重要功能部件。

直线导轨副通常按照滚珠在导轨和滑块之间的接触牙型进行分类，主要有两列式和四列式两种。典型光机电一体化设备上均选用普通级精度的两列式直线导轨副，其接触角在运动中保持不变，刚性也比较稳定。图 3-5a 为直线导轨副的截面示意图，图 3-5b 所示为装配好的直线导轨副。

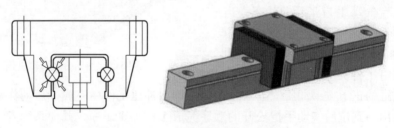

a) 直线导轨副截面示意图　　　　　　　　　b) 装配好的直线导轨副

图 3-5　两列式直线导轨副

安装直线导轨副时应注意：①要小心轻拿轻放，避免磕碰以影响导轨副的直线精度；②不要将滑块拆离导轨或超过行程又推回去。

加工台滑动机构由两个直线导轨副和导轨构成，安装滑动机构时应注意调整两直线导轨的平行度。加工台及滑动机构组件的安装方法将在后面"加工单元的安装技能训练"中讨论。

3.3.3 加工单元的气动元件

加工单元所使用的气动执行元件包括标准直线气缸、薄型气缸和气动手指，下面只介绍前面尚未提及的薄型气缸和气动手指。

1. 薄型气缸

薄型气缸属于省空间气缸类，即气缸的轴向或径向尺寸比标准气缸有较大减小。其具有结构紧凑、重量轻、占用空间小等优点。图3-6是薄型气缸的实例和工作原理。

薄型气缸的特点是：缸筒与无杆侧端盖压铸成一体，杆盖用弹性挡圈固定，缸体为方形。这种气缸通常用于固定夹具或在搬运中固定工件等。在YL-335B型光机电一体化设备的加工单元

a) 薄型气缸实例　　　　　　　b) 工作原理

图3-6　薄型气缸的实例和工作原理

中，薄型气缸用于冲压，这主要是考虑该气缸行程短的特点。

2. 气动手指（气动夹爪）

气动手指用于抓取、夹紧工件。气动手指通常有滑动导轨型、支点开闭型和回转驱动型等工作方式。典型光机电一体化设备的加工单元所使用的是滑动导轨型气动手指如图3-7a所示。其工作原理可从图3-7b和图3-7c中看出。

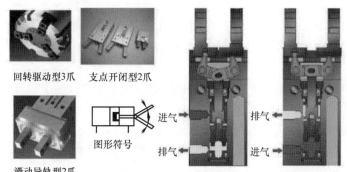

回转驱动型3爪　　支点开闭型2爪

滑动导轨型2爪　　图形符号

a) 实物及图形符号　　b) 气动手指夹紧过程 c) 气动手指松开过程

图3-7　气动手指实物和工作原理

3. 气动控制回路

加工单元的气动控制元件均采用二位五通单电控电磁换向阀，各电磁阀均带有手动换向和加锁钮。它们集中安装成阀组固定在冲压支撑架后面。

气动控制回路的工作原理如图 3-8 所示。1B1 和 1B2 为安装在冲压气缸的两个极限工作位置的磁感应接近开关,2B1 和 2B2 为安装在加工台伸缩气缸的两个极限工作位置的磁感应接近开关,3B1、3B2 为安装在气动手指工作位置的磁感应接近开关。1Y、2Y 和 3Y 分别为控制冲压气缸、加工台伸缩气缸和气动手指的电磁阀的电磁控制端。

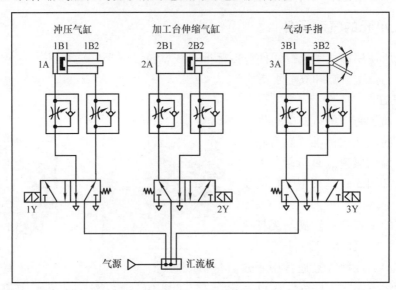

图 3-8　加工单元气动控制回路的工作原理

3.4　情境实施

3.4.1　加工单元的安装技能训练

1. 训练目标

将加工单元的机械部分拆开成组件和零件的形式,然后再组装成原样。要求着重掌握机械设备的安装、调整方法与技巧。

2. 安装步骤和方法

气路和电路连接需注意的事项已经在供料单元实训项目中叙述了,这里着重讨论加工单元机械部分的安装、调整方法。

加工单元的装配过程包括两部分:一是加工机构组件装配,二是滑动加工台组件装配;然后进行总装。图 3-9 是加工机构组件装配过程,图 3-10 是滑动加工台组件装配过程,图 3-11 是整个加工单元的组装。

在完成以上各组件的装配后,首先将物料夹紧及运动送料部分和整个安装底板连接并固定,再将铝合金支撑架安装在大底板上,最后将加工组件部分固定在铝合金支撑架上,完成该单元的装配。

3. 安装时的注意事项

(1) 调整两直线导轨的平行度时,要一边移动安装在两导轨上的安装板,一边拧紧固定导轨的螺栓。

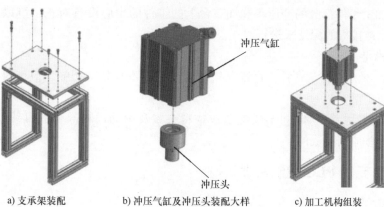

冲压气缸

冲压头

a) 支承架装配　　　b) 冲压气缸及冲压头装配大样　　　c) 加工机构组装

图 3-9　加工机构组件装配过程

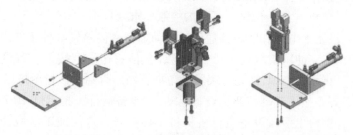

a) 伸缩台组装　　b) 夹紧机构装配大样　c) 夹紧机构安装到伸缩台

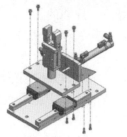

d) 直线导轨的组装　　　　　　e) 滑动加工台的组装

图 3-10　滑动加工台组件装配过程

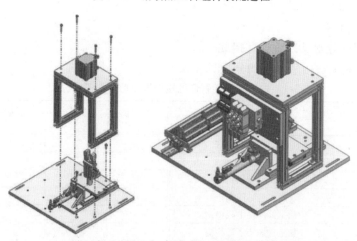

图 3-11　加工单元的组装

（2）如果加工组件部分的冲压头和加工台上的工件的中心没有对正，可以通过调整推料气缸旋入两导轨连接板的深度来进行对正。

4. 问题与思考

（1）按上述方法装配完成后，直线导轨的运动依旧不是特别顺畅，应该对物料夹紧及运动送料部分做何调整？

（2）安装完成后，运行时间不长便造成物料夹紧及运动送料部分的直线气缸密封损坏，想一想这是由哪些原因造成的。

3.4.2 加工单元的 PLC 控制实训

1. 工作任务

在只考虑加工单元作为独立设备运行时的情况时，本单元的按钮/指示灯模块上的工作方式选择开关位置于"单机方式"位置。具体的控制要求为：

1）初始状态：设备上电源和气源接通后，滑动加工台伸缩气缸处于伸出位置，加工台气动手指处于松开的状态，冲压气缸处于缩回位置，急停按钮没有按下。若设备在上述初始状态，则"正常工作"指示灯 HL1 常亮，表示设备准备好。否则，该指示灯以 1Hz 频率闪烁。

2）若设备准备好，按下起动按钮，设备启动，"设备运行"指示灯 HL2 常亮。当待加工工件送到加工台上并被检出后，设备执行机构将工件夹紧，送往加工区域冲压，完成冲压动作后返回待料位置的工件加工工序。如果没有停止信号输入，当再有待加工工件送到加工台上时，加工单元又开始下一周期的工作。

3）在工作过程中，若按下停止按钮，加工单元在完成本周期的动作后停止工作，HL2 指示灯熄灭。

4）在工作过程中，当急停按钮被按下时，本单元所有机构应立即停止运行，HL2 指示灯以 1Hz 频率闪烁。急停解除后，从急停前的断点开始继续运行，HL2 恢复常亮。

5）要求完成如下任务：

① 规划 PLC 的 I/O 分配及接线端子分配。

② 进行系统安装接线和气路连接。

③ 编写 PLC 程序。

④ 进行调试与运行。

2. PLC 的 I/O 分配及系统安装接线

1）装置侧接线端口信号端子的分配见表 3-1。

表 3-1　加工单元装置侧的接线端口信号端子的分配

输入端口中间层			输出端口中间层		
端子号	设备符号	信号线	端子号	设备符号	信号线
2	SC1	加工台物料检测	2	3Y	夹紧电磁阀
3	1B1	工件夹紧检测	3		
4	2B1	加工台伸出到位	4	2Y	伸缩电磁阀
5	2B2	加工台缩回到位	5	1Y	冲压电磁阀
6	3B1	加工冲压头上限检测			
7	3B2	加工冲压头下限检测			
8～17#端子没有连接			6～14#端子没有连接		

2）加工单元选用 FX2N–32MR 主单元，共 16 点输入和 16 点继电器输出。加工单元 PLC 的 I/O 信号见表 3-2，接线原理如图 3-12 所示。

表 3-2　加工单元 PLC 的 I/O 信号

输入信号				输出信号			
序号	PLC 输入点	信号名称	信号来源	序号	PLC 输出点	信号名称	信号来源
1	X000	加工台物料检测	装置侧	1	Y000	夹紧电磁阀	装置侧
2	X001	工件夹紧检测		2	Y001		
3	X002	加工台伸出到位		3	Y002	料台伸缩电磁阀	
4	X003	加工台缩回到位		4	Y003	加工压头电磁阀	
5	X004	加工冲压头上限检测		5	Y004		
6	X005	加工冲压头下限检测		6	Y005		
7	X006			7	Y006		
8	X007			8	Y007	正常工作指示	按钮/指示灯模块
9	X010			9	Y010	运行指示	
10	X011			10	Y011	缺料报警	
11	X012	停止按钮	按钮/指示灯模块				
12	X013	起动按钮					
13	X014	急停按钮					
14	X015	单机/全线					

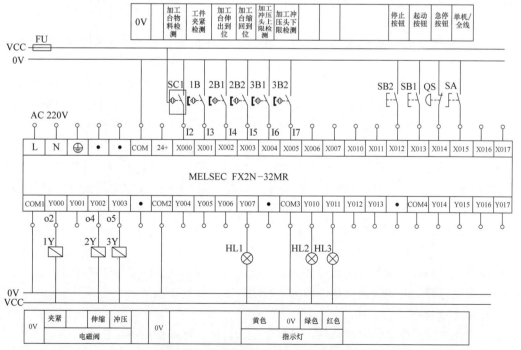

图 3-12　加工单元 PLC 的 I/O 接线原理

3. 编写和调试 PLC 控制程序

（1）编写程序的思路。加工单元工作流程与供料单元类似，也是在 PLC 通电后应首先进入初始状态检查，确认系统已经准备就绪后，才允许接收起动信号投入运行。但加工单元工作任务中增加了急停功能。为了使急停状况发生后，系统停止工作而状态保持，以便急停复位后能从急停前的断点开始继续运行，可以用两种方法：一是用条件转移（CJ）指令实现，另一方法是用主控指令实现。

用条件转移指令实现急停的程序梯形图如图 3-13 所示。图中，当急停按钮按下时，X014 处于 OFF 状态，满足了转移指令执行条件，程序转移到指令所指定的指针标号 P0 开始执行。安排在转移指令后面的步进顺序控制程序段被跳转而不再执行。

由于执行 CJ 指令后，被跳转部分程序将不被扫描，这意味着，跳转前的输出状态（执行结果）将被保留，步进顺序控制程序段的状态将被保持，直到急停按钮复位后又继续工作。但需要注意的是，如果急停恰好发生在 S22 步，正值冲压头压下。程序跳转后，压下状态将会保持下来，因此需要在 FEND 指令与 END 指令之间加上复位冲压头电磁阀的程序段。

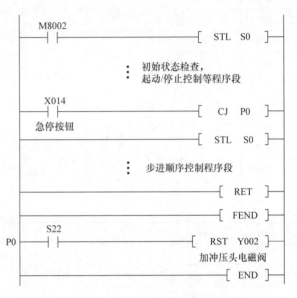

图 3-13　用条件转移指令实现急停的程序梯形图

急停按钮未按下时，X014 处于"ON"状态，程序按顺序执行，直到主程序结束指令 FEND 为止。

用主控指令实现急停的程序梯形图如图 3-14 所示，程序主体控制部分放在主控指令中执行，即放在 MC（主控）和 MCR（主控复位）指令间。图中，当急停按钮未按下时，X014 处于 ON 状态，（急停按钮使用常闭触点），主控块内的步进顺序控制程序被执行。反之，当急停按钮按下时，X014 处于 OFF 状态，主控块内的程序停止执行，但正在活动状态的工步，其 S 元件则保持置位状态，顺序控制内部的元件保持现状的有：累计定时器、计数器、置位和复位指令驱动元件。变成断开的元件有：非累计定时器、用 OUT 指令驱动的元件。这样，当急停按钮复位后，设备将从急停前的断点开始继续运行。MC、MCR 指令的具体使用方法和其他注意事项请参考 FX2N 系列 PLC 的编程手册。

（2）调试与运行。

① 调整气动部分，检查气路是否正确，气压是否合理，气缸的动作速度是否合理。

② 检查磁性开关的安装位置是否到位，磁性开关工作是否正常。

③ 检查 I/O 接线是否正确。

④ 检查光电传感器安装是否合理，灵敏度是否合适，保证检测的可靠性。

⑤ 放入工件，运行程序，看加工单元动作是否满足任务要求。

```
   M8002
───┤├────────────────────────────[ STL  S0 ]──

              ⋮      初始状态检查,
                     起动/停止控制等程序段

   X014
───┤├────────────────────────────[ MC  N0  M100 ]──
   急停按钮
───┤├────────────────────────────[ STL  S0 ]──

              ⋮      步进顺序控制程序段

─────────────────────────────────[ RET ]──

─────────────────────────────────[ MCR  N0 ]──

─────────────────────────────────[ END ]──
```

图 3-14　用主控指令实现急停的程序梯形图

⑥ 优化程序。

3.5　情境小结

通过本学习情境的学习掌握直线导轨、直线气缸、薄型气缸和气动手指等基本气动元件的功能、特性，能构成基本的气动系统，具备连接和调整气路的能力；掌握加工单元中传感器的功能及电气接口特性，具备正确安装和调试传感器等检测元件的能力，能独立完成加工单元机电系统的安装与调试，能独立查阅参考文献和解决问题。能进行电气控制原理图的分析与绘制，根据工作任务要求设计 PLC 程序并能进行调试，能与团队合作，形成良好的职业素养。

3.6　情境自测

1. 总结检查气动连线、传感器接线、I/O 检测及故障排除方法。
2. 如果在加工过程中出现意外情况，如何进行处理？
3. 思考加工单元各种可能出现的问题。
4. 简单分析磁性开关是如何控制气缸活塞运动的两个位置的。
5. 设计输送单元的气动控制回路，并分析其工作原理。

装配站的安装、调试与维护

4.1　情境导入

　　装配站用于将该光机电一体化设备中分散的两个物料进行装配，主要通过对自身物料仓库的物料按生产需要进行分配，并使用机械手将其插入来自加工站的物料中心孔。管形料仓中的物料在重力作用下自动下落，通过两直线气缸的共同作用，分别对底层相邻两物料进行夹紧与松开操作，完成对连续下落的物料的分配，被分配的物料按指定的路径落入位置转换装置，摆台完成180°位置变换后，由前后移动气缸、上下移动气缸、气动手指所组成的机械手夹持并位移，再插入已定位的半成品工件中。图4-1所示为 YL－335B 型光机电一体化设备装配站实物。

图 4-1　装配站实物

4.2　学习目标

　　1）掌握摆动气缸和导杆气缸的功能、特性，以及安装和调整的方法。

2）掌握生产线中光纤传感器的结构、特点及电气接口特性，能在自动化生产线中正确进行安装和调试。

3）掌握并行控制的顺序控制程序的编写和调试方法。

4）初步掌握较复杂的机电一体化设备的安装与调试方法，能在规定时间内完成装配单元的安装和调试，进行程序设计和调试，并能解决安装与运行过程中出现的常见问题。

5）培养独立查阅参考文献和思考的能力。

6）培养正确使用工具、劳动保护用品、清扫车间等良好的职业素养。

4.3 知识衔接

4.3.1 认知装配单元的结构和工作过程

装配单元的功能是完成将该单元料仓内的黑色或白色小圆柱工件嵌入到装配料斗中的待装配工件中的装配。

装配单元的结构组成包括：管形料仓、供料机构、回转物料台、机械手、待装配工件的定位机构、气动系统及其阀组、信号采集及其自动控制系统，以及用于电器连接的端子排组件、整条生产线用于状态指示的信号灯和用于其他机构安装的铝型材支架及底板、传感器安装支架等其他附件。其中，机械装配图如图4-2所示。

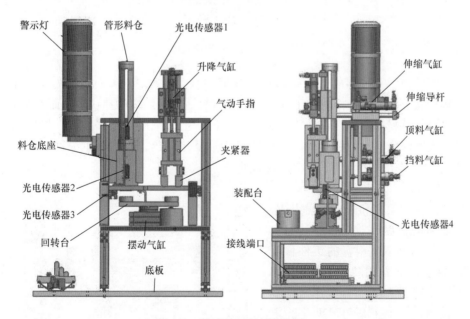

图 4-2　装配单元机械装配图

1. 管形料仓

管形料仓用来存储装配用的金属、黑色和白色小圆柱零件。它由塑料圆管和中空底座构成。塑料圆管顶端放置有加强金属环，以防止破损。工件竖直放入料仓的空心圆管内，由于工件与空心圆管之间有一定的间隙，因此，工件能在重力作用下自由下落。

为了能在料仓供料不足和缺料时报警，在塑料圆管底部和底座处分别安装了两个漫反射光电传感器（CX－441 型），并在料仓塑料圆柱上纵向铣槽，以使光电传感器的红外光线能可靠地照射到被检测的物料上。光电传感器的距离调节方式应以 BGS 方式为宜。

2. 落料机构

图 4-3 所示为落料机构示意图。图中，料仓底座的背面安装了两个直线气缸。上面的气缸称为顶料气缸，下面的气缸称为挡料气缸。

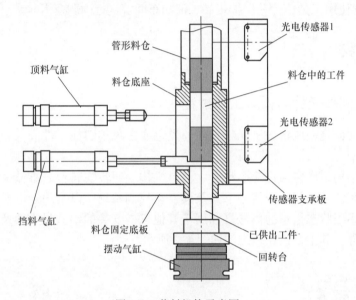

图 4-3　落料机构示意图

系统气源接通后，顶料气缸的初始位置在缩回状态，挡料气缸的初始位置在伸出状态。这样，当从料仓上面放下工件时，工件将被挡料气缸活塞杆终端的挡块阻挡而不能落下。

当需要进行落料操作时，首先使顶料气缸伸出，把次下层的工件夹紧，然后挡料气缸缩回，工件掉入回转物料台的料盘中。之后挡料气缸复位伸出，顶料气缸缩回，次下层工件跌落到挡料气缸终端挡块上，为下一次供料做准备。

3. 回转物料台

该机构由气动摆台和两个料盘组成，气动摆台能驱动料盘旋转 180°，从而实现把从供料机构落下到料盘的工件移动到装配机械手正下方的功能。如图 4-4 所示，光电传感器 3 和 4 分别用来检测左面和右面料盘是否有零件。两个光电传感器均选用 CX－441 型。

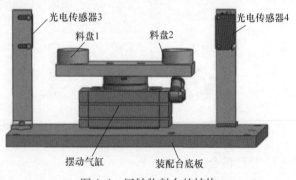

图 4-4　回转物料台的结构

4. 装配机械手

装配机械手是整个装配单元的核心。在装配机械手正下方的回转物料台料盘上有小圆柱零件，且装配台侧面的光纤传感器检测到装配台上有待装配工件的情况下，机械手从初始状态开始执行装配操作。

装配机械手装置是一个三维运动机构，它由水平方向移动（伸缩气缸）和竖直方向移动（升降气缸）的两个导向气缸和气动手指组成，如图 4-5 所示。

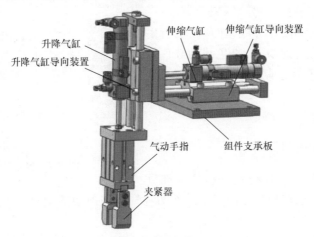

图 4-5　装配机械手组件

装配机械手的运行过程如下：

PLC 驱动与升降气缸相连的电磁换向阀动作，由升降气缸导向装置驱动气动手指向下移动，到位后，气动手指驱动手爪夹紧物料，并将夹紧信号通过磁性开关传送给 PLC，在 PLC 控制下，升降气缸复位，被夹紧的物料随气动手指一并提起，离开回转物料台的料盘，提升到最高位后，伸缩气缸在与之对应的换向阀的驱动下，活塞杆伸出，移动到气缸前端位置后，升降气缸再次被驱动下移，移动到最下端位置，气动手指松开，经短暂延时，升降气缸和伸缩气缸缩回，机械手恢复初始状态。

在整个机械手动作过程中，除气动手指松开到位无传感器检测外，其余动作的到位信号检测均采用与气缸配套的磁性开关，磁性开关将采集到的信号输入 PLC，由 PLC 输出驱动信号驱动电磁阀换向，使由气缸及气动手指组成的机械手按程序自动运行。

5. 装配台料斗

输送单元运送来的待装配工件直接放置在装配台料斗中，由装配台料斗定位孔与工件之间较小的间隙配合实现定位，从而完成准确的装配动作和定位精度。装配台料斗与回转物料台组件共用支承板，如图 4-6a 所示。

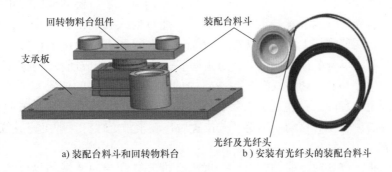

a) 装配台料斗和回转物料台　　　　b) 安装有光纤头的装配台料斗

图 4-6　装配台料斗

学习情境 **4**　装配站的安装、调试与维护

为了确定装配台料斗内是否放置了待装配工件，使用了光纤传感器进行检测。装配台料斗的侧面开了一个 M6 的螺孔，光纤传感器的光纤头就固定在螺孔内，如图 4-6b 所示。

6. 警示灯

本工作单元上安装有红、橙、绿三色警示灯，它是作为整个系统警示用的。警示灯有五根引出线，其中黄绿交叉线为"地线"；红色线为红色灯控制线；黄色线为橙色灯控制线；绿色线为绿色灯控制线；黑色线为信号灯公共控制线。警示灯及其接线如图 4-7 所示。

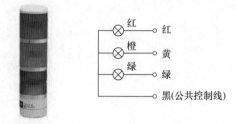

a) 警示灯外形　　b) 警示灯接线原理

图 4-7　警示灯及其接线

4.3.2　装配单元的气动元件

装配单元所使用的气动执行元件包括标准直线气缸、气动手指、气动摆台和导向气缸。前两种气缸在前面的项目实训中已叙述，下面只介绍气动摆台和导向气缸。

1. 气动摆台

回转物料台的主要器件是气动摆台，它是由直线气缸驱动齿轮齿条实现回转运动的，回转角度能在 0°～90°和 0°～180°之间任意调节，而且可以安装磁性开关，检测旋转到位信号，多用于方向和位置需要变换的机构，如图 4-8 所示。

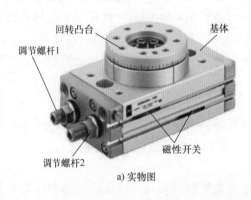
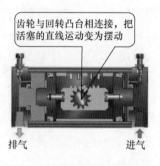

a) 实物图　　　　　　　　　　　b) 工作原理示意图

图 4-8　摆动气缸

气动摆台的摆动回转角度能在 0°～180°范围任意调节。当需要调节回转角度或调整摆动位置精度时，应首先松开调节螺杆上的反扣螺母，通过旋入和旋出调节螺杆，从而改变回转凸台的回转角度，调节螺杆 1 和调节螺杆 2 分别用于左旋和右旋角度的调整。当调整好摆动角度后，应将反扣螺母与基体反扣锁紧，防止调节螺杆松动，造成回转精度降低。

回转到位的信号是通过调整气动摆台滑轨内的两个磁性开关的位置实现的，图 4-9 是磁性开关位置的调整示意图。磁性开关安装在气缸体的滑轨内，松开磁性开关的紧定螺钉，磁性开关就可以沿着滑轨左右移动。确定开关位置后，旋紧紧定螺钉，即可完成位置的调整。

2. 导向气缸

导向气缸是指具有导向功能的气缸，一般为标准气缸和导向装置的集合体。导向气缸具有导向精度高，抗扭转力矩、承载能力强，工作平稳等特点。

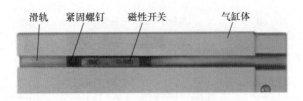

图 4-9　磁性开关位置调整示意图

　　装配单元用于驱动装配机械手水平方向移动的导向气缸外形如图 4-10 所示。该导向气缸由直线运动气缸、双导杆和其他附件组成。

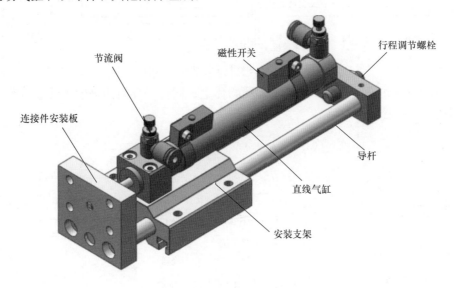

图 4-10　导向气缸的构成

　　安装支架用于导杆导向件的安装和导向气缸整体的固定，连接件安装板用于固定其他需要连接到该导向气缸上的物件，并将两导杆和直线气缸活塞杆的相对位置固定，当直线气缸的一端接通压缩空气后，活塞被驱动做直线运动，活塞杆也一起移动，被连接件安装板固定到一起的两导杆也随活塞杆伸出或缩回，从而实现导向气缸的整体功能。安装在导杆末端的行程调整板用于调整该导向气缸的伸出行程。具体调整方法是松开行程调整板上的紧定螺钉，让行程调整板在导杆上移动，当达到理想的伸出距离以后，再完全锁紧紧定螺钉，完成行程的调节。

　　3. 电磁阀组和气动控制回路

　　装配单元的阀组由 6 个二位五通单电控电磁换向阀组成，气动控制回路如图 4-11 所示。在进行气路连接时，请注意各气缸的初始位置，其中，挡料气缸在伸出位置，手爪升降气缸在提起位置。

4.3.3　认知光纤传感器

　　光纤传感器也是光电传感器的一种，它由光纤单元、放大器两部分组成。其工作原理如图 4-12 所示。投光器和受光器均在放大器内，投光器发出的光线通过一条光纤的内部从端面

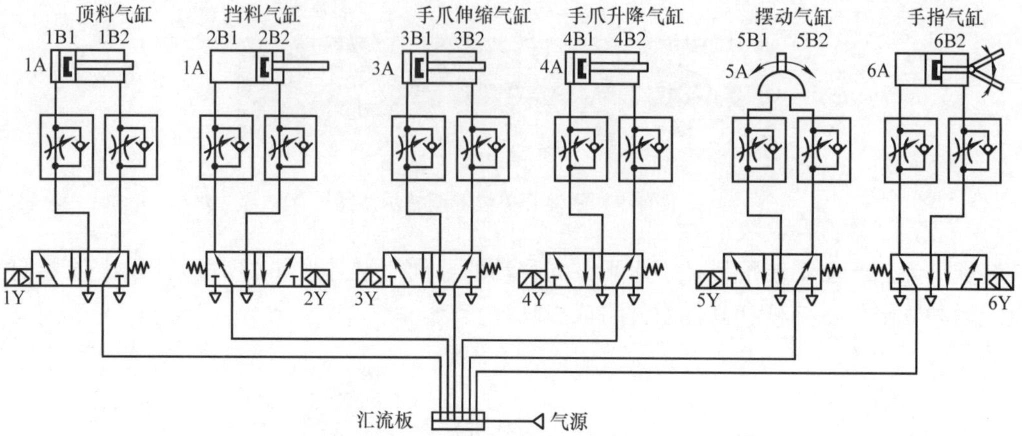

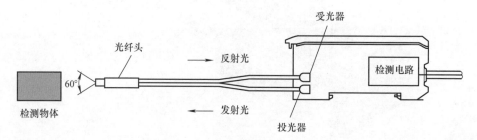

图 4-11　装配单元气动控制回路

（光纤头）以约 60°的角度扩散，照射到检测物体上；同样，反射回来的光线通过另一条光纤的内部回送到受光器。

图 4-12　光纤传感器的工作原理

光纤传感器由于检测部（光纤头）中完全没有电气元件，所以耐干扰等耐环境性良好，并且光纤头可安装在很小空间的地方，具有传输距离远，使用寿命长及占用空间小等优点。

光纤传感器是精密器件，使用时务必注意它的安装和拆卸方法。下面以 YL－335B 型光机电一体化设备上使用的 E3Z－NA11 型光纤传感器（欧姆龙公司产）的装卸过程为例进行说明。

1. 放大器单元的安装和拆卸

图 4-13 所示为 E3Z－NA11 型光纤传感器的放大器的安装过程。

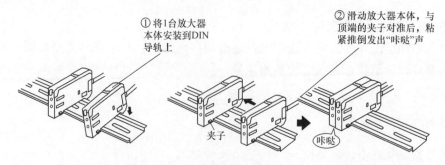

图 4-13　E3Z－NA11 型光纤传感器的放大器的安装过程

拆卸时，应以相反的过程进行。注意，在连接光纤的状态下，不要从 DIN 导轨上直接拆卸。

2. 光纤的装卸

光纤进行连接或拆下的时候，注意一定要切断电源；然后按下面步骤和方法进行装卸，有关安装部位如图 4-14 所示。

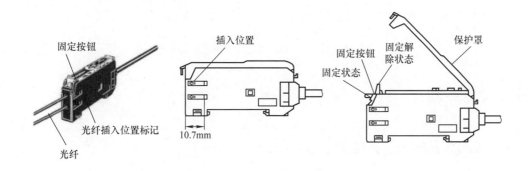

图 4-14　光纤的装卸示意图

（1）安装光纤：抬高保护罩，提起固定按钮，将光纤顺着放大器单元侧面的插入位置标记进行插入，然后放下固定按钮。

（2）拆卸光纤：抬起保护罩，提起固定按钮时可以将光纤取下来。光纤式光电接近开关的放大器的灵敏度调节范围较大。当光纤传感器灵敏度调得较小时，对于反射性能较差的黑色物体，光电探测器无法接收到反射信号；而对于反射性能较好的白色物体，光电探测器就可以接收到反射信号。反之，若调高光纤传感器灵敏度，则即使对反射性能较差的黑色物体，光电探测器也可以接收到反射信号。

图 4-15 所示为光纤传感器放大器单元的俯视图，调节其中的 8 旋转灵敏度高速旋钮就能进行放大器灵敏度调节（顺时针旋转灵敏度增大）。调节时，会看到"入光量显示灯"发光的变化。当探测器检测到物料时，"动作显示灯"会亮，提示检测到物料。

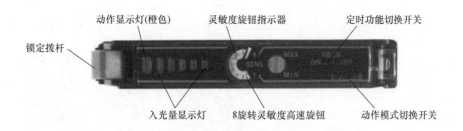

图 4-15　光纤传感器放大器单元的俯视图

E3Z–NA11 型光纤传感器电路框图如图 4-16 所示，接线时请注意根据导线颜色判断电源极性和信号输出线，切勿把信号输出线直接连接到电源 +24V 端。

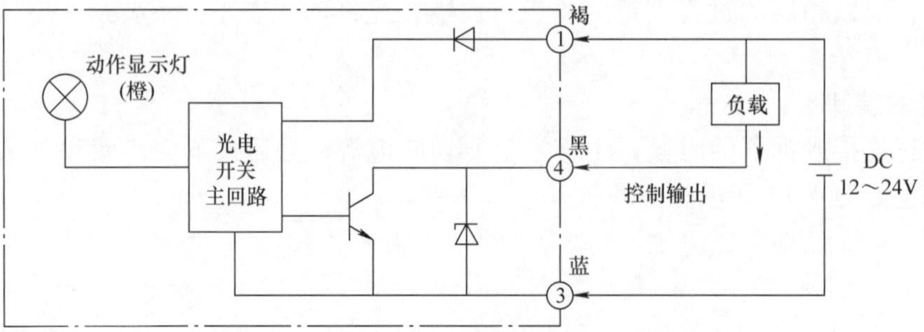

动作显示灯
(橙)

光电开关主回路

褐
①

黑
④

控制输出

蓝
③

负载

DC
12～24V

图 4-16　E3Z – NA11 型光纤传感器电路框图

4.4　情境实施

4.4.1　装配单元的安装技能训练

1. 训练目标

将装配单元的机械部分拆开成组件和零件的形式，然后再组装成原样。着重掌握机械设备的安装、调整方法与技巧。

2. 机械部件的安装步骤和方法

装配单元是整个 YL – 335B 型光机电一体化设备中所包含气动元器件较多、结构较为复杂的单元，为了降低安装的难度和提高安装效率，在装配前，应认真分析该结构的组成，认真观看录像，参考别人的装配工艺，认真思考，做好记录。遵循先组装成组件，再进行总装的装配思路，首先装配成的组件如图 4-17 所示。

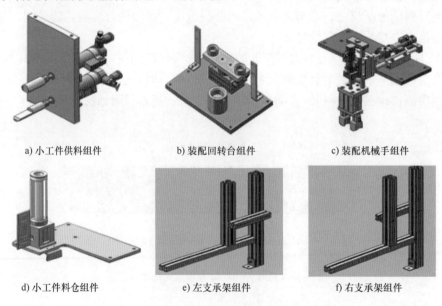

a) 小工件供料组件　　　　　b) 装配回转台组件　　　　　c) 装配机械手组件

d) 小工件料仓组件　　　　　e) 左支承架组件　　　　　f) 右支承架组件

图 4-17　装配单元装配过程的组件

在完成以上组件的装配后，然后按表 4-1 的顺序进行总装。

表 4-1 装配单元装配过程

安装步骤	安装效果图
（1）把回转机构及装配台组件安装到工作单元支承架上	
（2）安装供料料仓组件	
（3）安装供料操作组件和装配机械手支承板	
（4）安装装配机械手组件	

安装过程中，需注意如下事项：

1）装配时要注意摆台的初始位置，以免装配完成后摆动角度不到位。

2）预留螺栓的数量一定要足够，以免造成组件之间不能完成安装。

3）建议先进行装配，但不要一次拧紧各固定螺栓，待相互位置基本确定后，再依次进行调整固定。

4）装配工作完成后，尚须做进一步的校验和调整，例如再次校验摆动气缸的初始位置和摆动角度；校验和调整机械手竖直方向移动的行程调节螺栓，使之在下限位置能可靠抓取工件；调整水平方向移动的行程调节螺栓，使之能准确移动到装配台正上方进行装配工作。

最后，插上管形料仓、安装电磁阀组、警示灯、传感器等，从而完成机械部分装配。装配单元使用了多个气缸，但气路的连接与调整方法与前面各项目基本相同，此处从略。

4.4.2 装配单元的PLC控制实训

1. 工作任务

（1）装配单元各气缸的初始位置为：挡料气缸处于伸出状态，顶料气缸处于缩回状态，料仓上已经有足够的小圆柱零件；装配机械手的升降气缸处于提升（缩回）状态，伸缩气缸处于缩回状态，气动手指处于松开状态。

设备在电源和气源接通后，若各气缸满足初始位置要求，且料仓上已经有足够的小圆柱零件，工件装配台上没有待装配工件，则"正常工作"警示灯HL1常亮，表示设备准备好。否则，该警示灯以1Hz频率闪烁。

（2）若设备准备好，按下起动按钮，装配单元起动，"设备运行"警示灯HL2常亮。如果回转台上的左料盘内没有小圆柱零件，就执行下料操作；如果左料盘内有零件，而右料盘内没有零件，就执行回转台回转操作。

（3）如果回转台上的右料盘内有小圆柱零件且装配台上有待装配工件，执行装配机械手抓取小圆柱零件放入待装配工件中的操作。

（4）完成装配任务后，装配机械手应返回初始位置，等待下一次装配。

（5）若在运行过程中按下停止按钮，则供料机构应立即停止供料，在装配条件满足的情况下，装配单元在完成本次装配后停止工作。

（6）在运行中发生"零件不足"报警时，警示灯HL3以1Hz的频率闪烁，HL1和HL2警示灯常亮；在运行中发生"零件没有"报警时，警示灯HL3以亮1s，灭0.5s的方式闪烁，HL2警示灯熄灭，HL1警示灯常亮。

2. PLC的I/O分配及系统安装接线

装配单元装置侧的接线端口信号端子的分配见表4-2。

表4-2 装配单元装置侧的接线端口信号端子的分配

输入端口中间层			输出端口中间层		
端子号	设备符号	信号线	端子号	设备符号	信号线
2	SC1	零件不足检测	2	1Y	挡料电磁阀
3	SC2	零件有无检测	3	2Y	顶料电磁阀
4	SC3	左料盘零件检测	4	3Y	回转电磁阀
5	SC4	右料盘零件检测	5	4Y	手爪夹紧电磁阀
6	SC5	装配台工件检测	6	5Y	手爪升降电磁阀
7	1B1	顶料到位检测	7	6Y	手臂伸缩电磁阀
8	1B2	顶料复位检测	8	AL1	红色警示灯
9	2B1	挡料状态检测	9	AL2	橙色警示灯
10	2B2	落料状态检测	10	AL3	绿色警示灯
11	5B1	摆动气缸左限检测	11		
12	5B2	摆动气缸右限检测	12		
13	6B2	手爪夹紧检测	13		
14	4B2	手爪下降到位检测	14		
15	4B1	手爪上升到位检测			
16	3B1	手臂缩回到位检测			
17	3B2	手臂伸出到位检测			

装配单元的 I/O 点较多，选用三菱 FX2N–48MR 主单元，共 24 点输入、24 点继电器输出。PLC 的 I/O 分配见表 4-3。图 4-18 和 图 4-19 分别是 PLC 输入端口和输出端口接线原理。

表 4-3　装配单元 PLC 的 I/O 分配

序号	PLC 输入点	信号名称	信号来源	序号	PLC 输出点	信号名称	信号来源
1	X000	零件不足检测		1	Y000	挡料电磁阀	
2	X001	零件有无检测		2	Y001	顶料电磁阀	
3	X002	左料盘零件检测		3	Y002	回转电磁阀	
4	X003	右料盘零件检测		4	Y003	手爪夹紧电磁阀	装置侧
5	X004	装配台工件检测		5	Y004	手爪升降电磁阀	
6	X005	顶料到位检测		6	Y005	手臂伸缩电磁阀	
7	X006	顶料复位检测		7	Y006		
8	X007	挡料状态检测		8	Y007		
9	X010	落料状态检测		9	Y010	红色警示灯	
10	X011	摆动气缸左限检测		10	Y011	黄色警示灯	按钮/指示灯模块
11	X012	摆动气缸右限检测	装置侧	11	Y012	绿色警示灯	
12	X013	手爪夹紧检测		12	Y013		
13	X014	手爪下降到位检测		13	Y014		
14	X015	手爪上升到位检测		14	Y015		
15	X016	手臂缩回到位检测		15	Y016		
16	X017	手臂伸出到位检测		16	Y017		
17	X020						
18	X021						
19	X022						
20	X023						
21	X024	停止按钮					
22	X025	起动按钮	按钮/指示灯模块				
23	X026	急停按钮					
24	X027	单机/联机					

图 4-18　装配单元 PLC 输入端口接线原理

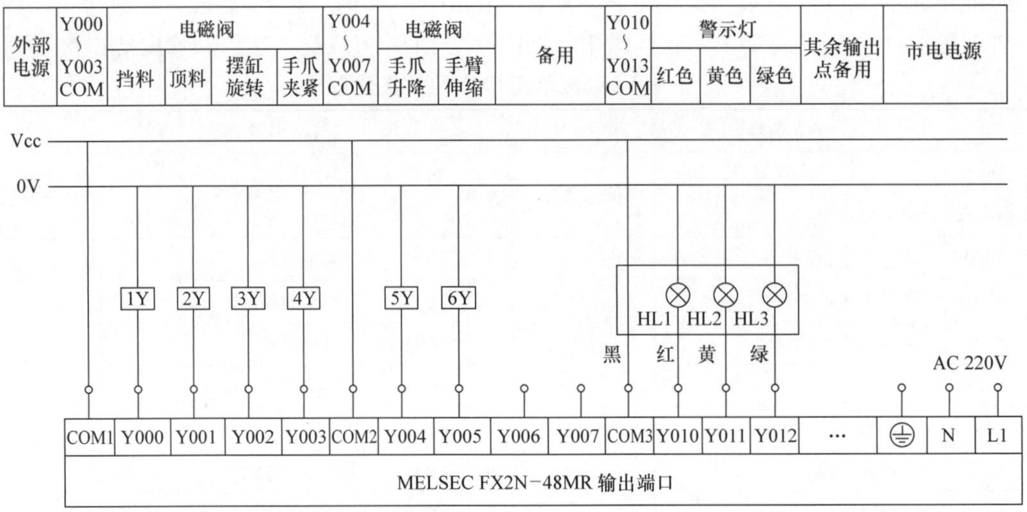

外部电源	Y000~Y003 COM	电磁阀				Y004~Y007 COM	电磁阀		备用	Y010~Y013 COM	警示灯			其余输出点备用	市电电源
		挡料	顶料	摆缸旋转	手爪夹紧		手爪升降	手臂伸缩			红色	黄色	绿色		

Vcc

0V

1Y 2Y 3Y 4Y   5Y 6Y

HL1 HL2 HL3
黑 红 黄 绿

AC 220V

| COM1 | Y000 | Y001 | Y002 | Y003 | COM2 | Y004 | Y005 | Y006 | Y007 | COM3 | Y010 | Y011 | Y012 | … | ⏚ | N | L1 |

MELSEC FX2N-48MR 输出端口

图 4-19　装配单元 PLC 输出端口接线原理

4.4.3　编写和调试 PLC 控制程序

（1）进入运行状态后，装配单元的工作过程包括两个相互独立的子过程，一个是供料过程，另一个是装配过程。

供料过程就是通过供料机构按顺序的操作，使料仓中的小圆柱零件下落到摆台左边料盘上，然后摆台转动，使装有零件的料盘转移到右边，以便装配机械手抓取零件。

装配过程是当装配台上有待装配工件，且装配机械手下方有小圆柱零件时，进行装配操作。在主程序中，当初始状态检查结束，确认单元准备就绪，按下起动按钮进入运行状态后，应同时置位落料控制和装配控制两个顺序控制过程的初始步。装配单元单机运行的起动如图 4-20 所示。

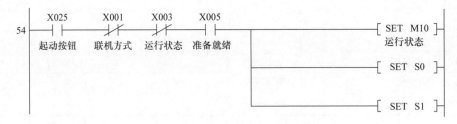

图 4-20　装配单元单机运行的起动

系统进入运行状态后，应在每一扫描周期都监测有无停止按钮按下，一旦按下，即置位停止指令 M11，并立即停止摆台转动。此后，当落料机构和装配机械手均返回到初始位置后，才能退出步进顺序控制过程，然后复位运行状态标志和停止指令。停止运行的梯形图如图 4-21 所示。

（2）供料控制过程包含两个互相连锁的过程，即落料过程和摆台转动、料盘转移的过程。

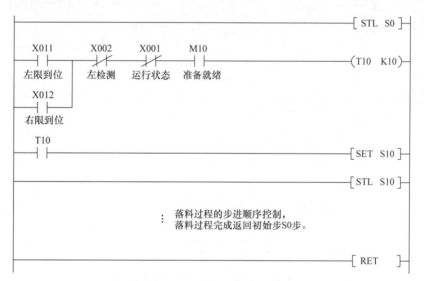

图 4-21　停止运行的梯形图

在小圆柱零件从料仓下落到左料盘的过程中，禁止摆台转动；反之，在摆台转动过程中，禁止打开料仓（挡料气缸缩回）落料。实现连锁的方法是：

① 当摆台的左限位或右限位磁性开关动作并且左料盘没有料，经定时确认后，开始起动落料过程，这是一个单循环的步进顺序控制过程，下面只给出其初始步梯形图，以着重说明互锁的实现方式和作用，其余步从略，如图 4-22 所示。

图 4-22　落料控制初始步梯形图

② 当挡料气缸伸出到位使料仓关闭、左料盘有物料而右料盘为空，经定时确认后，摆台开始转动，直到达到限位位置。摆台转动控制梯形图如图 4-23 所示。

（3）机械手装配工件的过程是一个典型的步进顺序控制过程，下面仅给出流程图，如图 4-24 所示。

需要注意的是，程序中落料控制和装配控制分别是两个相互独立的步进指令块，它们都必须以 RET 指令结束。

在自动化生产线工作过程中，并行分支往往并不相互独立，这时就不能用上述方法编写

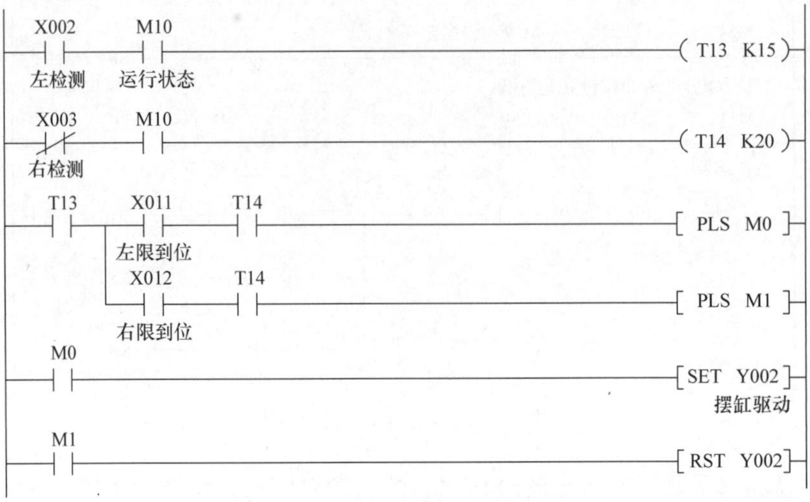

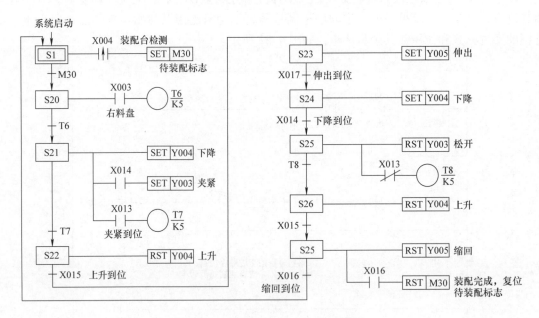

图 4-23　摆台转动控制梯形图

图 4-24　机械手装配工件过程流程图

程序。实际上,本工作过程也可以只用一个步进指令块编程,这时,落料控制和装配控制是相互并行的分支控制,重要的是汇合点的处理。请读者自行编写,并与本程序加以比较。

4.4.4　调试与运行

(1) 调整气动部分,检查气路是否正确,气压是否合理,气缸的动作速度是否合理。

(2) 检查磁性开关的安装位置是否到位,磁性开关工作是否正常。

(3) 检查 I/O 接线是否正确。

(4) 检查光电传感器安装是否合理,灵敏度是否合适,保证检测的可靠性。

（5）放入工件，运行程序，看加工单元动作是否满足任务要求。

（6）优化程序。

4.5　情境小结

通过本学习情境的学习，掌握摆动气缸、导向气缸、单电控电磁阀等基本气动元件的功能、特性，能构成基本的气动系统，具备连接和调整气路的能力；掌握光纤传感器的功能及电气接口特性，具备正确安装和调试传感器等检测元件的能力。独立完成装配单元机电系统的安装与调试；独立查阅参考文献和解决问题。能进行电气控制原理图的分析与绘制，根据工作任务要求设计 PLC 程序并调试，能与团队合作，养成良好的职业素养。

4.6　情境自测

1. 运行过程中出现小圆柱零件不能准确下落到料盘中，或装配机械手装配不到位，或光纤传感器误动作等现象，请分析其原因，总结出处理方法。

2. 如果需要考虑紧急停止等因素，程序应如何编写？

3. 多并行分支的顺序控制程序应如何调试，请在实际调试中加以总结。

4. 简述装配站的装配单元的结构和功能。

5. 简述传感器的主要技术指标。

6. 简述更换损坏电磁阀的步骤。

分拣站的安装、调试与维护

5.1 情境导入

分拣站是 YL-335B 型光机电一体化设备中的最末单元,其功能是对上一站送来的已加工、装配的工件进行分拣,使不同颜色的工件从不同的料槽分流。当输送站送来的工件放到传送带上并被入料口光电传感器检测到时,即起动变频器,工件开始送入分拣区进行分拣。图 5-1 所示为 YL-335B 型光机电一体化设备分拣站实物。

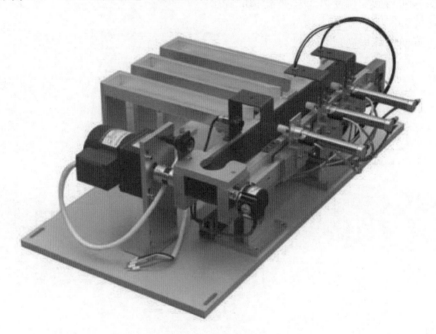

图 5-1 分拣站实物

5.2 学习目标

1)掌握通用变频器的基本工作原理,以及 FR-E740 变频器的安装、接线和参数设置。

2）掌握旋转编码器的结构、特点及电气接口特性，并能正确进行安装和调试。掌握高速计数器的选用、程序编写和调试方法。

3）能在规定时间内完成分拣单元的安装和调整，进行程序设计和调试，并能解决安装与运行过程中出现的常见问题。

4）培养独立查阅参考文献和思考的能力。

5）培养正确使用工具、劳动防护用品、清扫车间等良好的职业素养。

5.3 知识衔接

5.3.1 认知分拣单元的结构和工作过程

分拣单元主要组成部分为：传送和分拣机构、传送带驱动机构、变频器模块、电磁阀组、接线端口、PLC 模块、按钮/指示灯模块及底板等。其中，装置侧如图 5-2 所示。

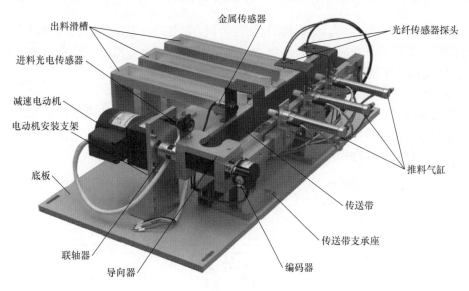

图 5-2　分拣单元的装置侧

1. 传送和分拣机构

传送和分拣机构主要由传送带、出料滑槽、推料（分拣）气缸、进料检测（光电或光纤）传感器、属性检测（电感式和光纤）传感器以及磁性开关组成。它的功能是把已经加工、装配好的工件从进料口输送至分拣区；通过属性检测传感器的检测，确定工件的属性，然后按工作任务要求进行分拣，把不同类别的工件推入三条物料槽中。

为了准确确定工件在传送带上的位置，在传送带进料口安装了定位 U 形板，用来纠偏机械手输送过来的工件并确定其初始位置。传送过程中工件移动的距离则通过对旋转编码器产生的脉冲进行高速计数确定。

2. 传送带驱动机构

传送带采用三相减速电动机驱动，驱动机构包括电动机支架、电动机、弹性联轴器等，电动机轴通过弹性联轴器与传送带主动轴连接，如图5-3所示。两轴的连接质量直接影响传送带运行的平稳性，安装时务必注意，必须确保两轴间的同心度。

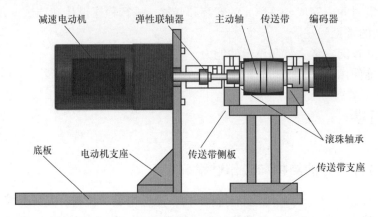

图5-3　传送带驱动机构

三相异步电动机是传送带驱动机构的主要部分，电动机转速的快慢由变频器来控制，其作用是驱动传送带运动从而输送物料。电动机支架用于固定电动机。联轴器由于把电动机的轴和传送带主动轮的轴连接了起来，从而组成了一个传动机构。

3. 电磁阀组和气动控制回路

分拣单元的电磁阀组使用了三个二位五通的带手控开关的单电控电磁阀，它们安装在汇流板上。这三个电磁阀分别对三个出料槽的推动气缸的气路进行控制，以改变各自的动作状态。气动控制回路的工作原理如图5-4所示。

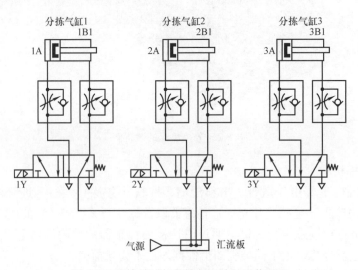

图5-4　分拣单元气动控制回路的工作原理

5.3.2　旋转编码器概述

旋转编码器是通过光电转换，将输出至轴上的机械、几何位移量转换成脉冲或数字信号的传感器，主要用于速度或位置（角度）的检测。一般来说，根据旋转编码器产生脉冲的方式的不同，可以将其分为增量式、绝对式以及复合式三大类。

增量式旋转编码器：输出"电脉冲"表征位置和角度信息。一圈内的脉冲数代表了分辨率。位置的确定则是依靠累加相对某一参考位置的输出脉冲数得到的。当初始通电时，需要找一个相对零位来确定绝对的位置信息。

绝对式旋转编码器：通过输出唯一的数字码来表征绝对位置、角度或转速信息。此唯一的数字码被分配给每一个确定角度。一圈内这些数字码的个数代表了单圈的分辨率。因为绝对的位置是用唯一的码来表示的，所以无须初始参考点。绝对式旋转编码器有单圈绝对型和多圈绝对型两种。

增量式旋转编码器在自动线上应用十分广泛。其结构上是由光栅盘和光电检测装置组成的。光栅盘的构造是在一定直径的圆板上等分地开通若干个长方形孔。由于光栅盘与电动机同轴，电动机旋转时，光栅盘与电动机同速旋转，经发光二极管等电子元件组成的检测装置检测输出若干脉冲信号，其原理示意图如图5-5所示；通过计算每秒旋转编码器输出脉冲的个数就能反映当前电动机的转速。

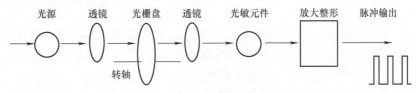

图5-5 旋转编码器原理示意图

为了提供旋转方向的信息，增量式编码器通常利用光电转换原理输出 A、B 和 Z 相三组方波脉冲；A、B 两组脉冲相位差90°。当 A 相脉冲超前 B 相时为正转方向，而当 B 相脉冲超前 A 相时则为反转方向。Z 相为每转一个脉冲，用于基准点定位，如图5-6所示。

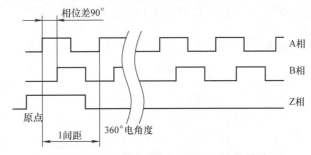

图5-6 增量式编码器输出的三组方波脉冲

YL–335B 型光机电一体化设备分拣单元使用了这种具有 A、B 两相相位差为90°的通用型旋转编码器，用于计算工件在传送带上的位置。编码器直接连接到传送带主动轴上。该旋转编码器的三相脉冲采用 NPN 型集电极开路输出，分辨率为500线，工作电源为 DC 12 ~ 24V。本工作单元没有使用 Z 相脉冲，A、B 两相输出端直接连接到 PLC（FX2N–32MR）的高速计数器输入端。

当计算工件在传送带上的位置时，需确定每两个脉冲之间的距离即脉冲当量。分拣单元主动轴的直径为 $d = 43$mm，则减速电动机每旋转一周，传送带上工件移动距离为 $L = \pi d \approx 3.14 \times 43$mm $= 135.02$mm。故脉冲当量 $\mu = L/500 \approx 0.270$mm。按如图5-7所示的安装尺寸，当工件从下料口中心线移至传感器中心时，旋转编码器约发出430个脉冲；移至第一个推杆中心点时，约发出614个脉冲；移至第二个推杆中心点时，约发出963个脉冲；移至第二个推杆中心点时，约发出 1284 个脉冲。

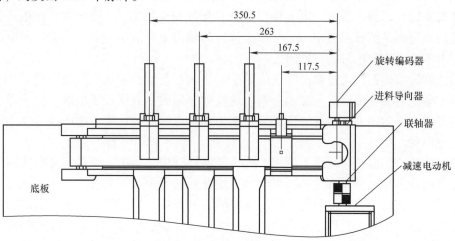

图 5-7　传送带位置计算

应该指出的是，上述脉冲当量的计算只是理论上的，实际上的各种误差因素不可避免。例如传送带主动轴直径（包括传送带厚度）的测量误差，传送带的安装偏差、张紧度，分拣单元整体在工作台面上定位偏差等，都将影响理论计算值。因此理论计算值只能作为估算值。脉冲当量的误差所引起的累积误差会随着工件在传送带上运动距离的增大而迅速增加，甚至达到不可容忍的地步。因而在分拣单元安装调试时，除了要仔细调整以便尽量减少安装偏差外，尚须现场测试脉冲当量值。

现场测试脉冲当量值的方法，如何对输入到 PLC 的脉冲进行高速计数，以便计算工件在传送带上的位置，将结合本项目的编程实训，在 PLC 编程思路中介绍。

5.3.3　三菱 FR – E740 变频器简介

1. FR – E740 变频器的安装和接线

在使用三菱 PLC 的典型光机电一体化设备中，变频器选用三菱 FR – E740 系列变频器中的 FR – E740 – 0.75K – CH 型变频器，该变频器额定电压等级为三相 400V，适用于功率为 0.75kW 及以下的电动机。FR – E740 系列变频器的外观和型号定义如图 5-8 所示。

记号	电压级数
E740	三相400V级

FR — E740 — 1.5 K-CHT

变频器容量
显示变频器容量
"kW"

a) 变频器外观　　　　　　　　b) 变频器型号定义

图 5-8　FR – E740 系列变频器

FR – E740 系列变频器是 FR – E500 系列变频器的升级产品，是一种小型、高性能变频器。在典型光机电一体化设备上进行的实训，所涉及的是使用通用变频器所必需的基本知识和技能，着重于变频器的接线、操作和常用参数的设置等方面。

FR – E740 系列变频器主电路的通用接线如图 5-9 所示。

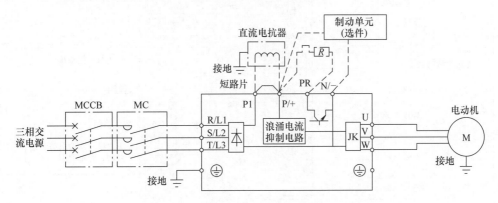

图 5-9　FR – E740 系列变频器主电路的通用接线

图 5-8 中：

① 端子 P1、P/ + 之间用以连接直流电抗器，不需连接时，两端子间短路。

② P/ + 与 PR 之间用以连接制动电阻器，P/ + 与 N/ – 之间用以连接制动单元选件。典型光机电一体化设备均未使用，故用虚线画出。

③ 交流接触器 MC 用作变频器的安全保护，注意不要通过此交流接触器来起动或停止变频器，否则可能降低变频器寿命。在典型光机电一体化设备系统中，没有使用这个交流接触器。

④ 进行主电路接线时，应确保输入、输出端不能接错，即电源线必须连接至 R/L1、S/L2、T/L3，绝对不能接 U、V、W，否则会损坏变频器。

FR – E740 系列变频器控制电路的接线端子分布如图 5-10 所示。图 5-11 给出了控制电路接线图。

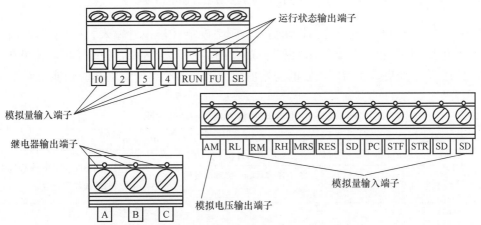

图 5-10　FR – E740 系列变频器控制电路的接线端子分布

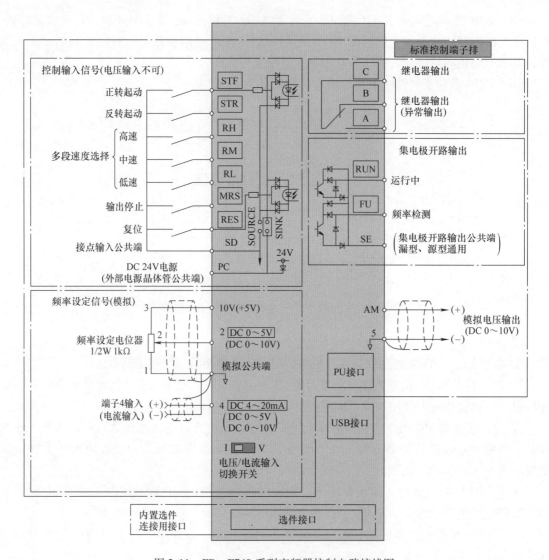

图 5-11　FR–E740 系列变频器控制电路接线图

　　图 5-11 中，控制电路端子分为控制输入、频率设定（模拟量输入）、继电器输出（异常输出）、集电极开路输出（状态检测）和模拟电压输出 5 部分区域，各端子的功能可通过调整相关参数的值进行变更，在出厂设置的初始值情况下，各控制电路端子的功能说明见表 5-1、表 5-2 和表 5-3。

表 5-1　控制电路输入端子的功能说明

种类	端子编号	端子名称	功能说明	
接点输入	STF	正转起动	当 STF 信号为 ON 时为正转、OFF 时为停止指令	当 STF、STR 信号同时为 ON 时变成停止指令
	STR	反转起动	当 STR 信号为 ON 时为反转、OFF 时为停止指令	
	RH RM RL	多段速度选择	用 RH、RM 和 RL 信号的组合可以选择多段速度	

种类	端子编号	端子名称	功能说明
接点输入	MRS	输出停止	当 MRS 信号为 ON（20ms 或以上）时，变频器输出停止 当用电磁制动器停止电动机运行时用于断开变频器的输出
	RES	复位	用于解除保护电路动作时的报警输出。请使 RES 信号处于 ON 状态 0.1s 或以上，然后断开 初始设定为始终可进行复位。但进行了 Pr.75 的设定后，仅在变频器报警发生时可进行复位。复位时间约为 1s
	SD	接点输入公共端（漏型）（初始设定）	接点输入端子（漏型逻辑）的公共端子
		外部晶体管公共端（源型）	当为源型逻辑时，连接晶体管输出（即集电极开路输出）。例如使用可编程序控制器（PLC）时，将晶体管输出用的外部电源公共端接到该端子时，可以防止因漏电引起的误动作
		DC 24V 电源公共端	DC 24V 0.1A 电源（端子 PC）的公共输出端子 与端子 5 及端子 SE 绝缘
	PC	外部晶体管公共端（漏型）（初始设定）	当为漏型逻辑时，连接晶体管输出（即集电极开路输出）。例如使用可编程序控制器（PLC）时，将晶体管输出用的外部电源公共端接到该端子时，可以防止因漏电引起的误动作
		接点输入公共端（源型）	接点输入端子（源型逻辑）的公共端子
		DC 24V 电源	可作为 DC 24V、0.1A 的电源使用
频率设定	10	频率设定用电源	作为外接频率设定（速度设定）用电位器时的电源使用（按照 Pr.73 模拟量输入选择）
	2	频率设定（电压）	如果输入 DC 0～5V 或 0～10V，在 5V 或 10V 时为最大输出频率，输入输出成正比。通过 Pr.73 进行 DC 0～5V（初始设定）和 DC 0～10V 输入的切换操作
	4	频率设定（电流）	若输入 DC 4～20mA 或 0～5V、0～10V，在 20mA 时为最大输出频率，输入输出成正比。只有 AU 信号为 ON 时端子 4 的输入信号才会有效（端子 2 的输入将无效）。通过 Pr.267 进行 4～20mA（初始设定）和 DC 0～5V、DC 0～10V 输入的切换操作 当为电压输入（0～5V/0～10V）时，请将电压/电流输入切换开关切换至"V"
	5	频率设定公共端	频率设定信号端子（2 或 4）及端子 AM 的公共端子。请勿接大地

表 5-2　控制电路接点输出端子的功能说明

种类	端子记号	端子名称	端子功能说明
继电器	A、B、C	继电器输出（异常输出）	指示变频器因保护功能动作时输出停止的 1c 接点输出。异常时：B－C 间不导通，A－C 间导通；正常时：B－C 间导通，A－C 间不导通
集电极开路	RUN	变频器正在运行	变频器输出频率大于或等于起动频率（初始值 0.5Hz）时为低电平，已停止或正在直流制动时为高电平

（续）

种类	端子记号	端子名称	端子功能说明	
集电极开路	FU	频率检测	输出频率大于或等于任意设定的检测频率时为低电平，未达到时为高电平	
	SE	集电极开路输出公共端	端子 RUN、FU 的公共端子	
模拟	AM	模拟电压输出	可以从多种监示项目中选一种作为输出。变频器在复位状态下不被输出。输出信号与监示项目的大小成比例	输出项目：输出频率（初始设定）

表 5-3　控制电路网络接口的功能说明

种类	端子记号	端子名称	端子功能说明
RS-485	——	PU 接口	通过 PU 接口，可进行 RS-485 通信 ● 标准规格：EIA-485（RS-485） ● 传输方式：多站点通信 ● 通信速率：4800~38400bit/s ● 总长距离：500m
USB	——	USB 接口	与个人计算机通过 USB 连接后，可以实现 FR Configurator 的操作 ● 接口：USB1.1 标准 ● 传输速度：12Mbit/s ● 连接器：USB 迷你-B 连接器（插座：迷你-B 型）

2. 变频器的操作面板的操作训练

（1）FR-E740 系列的操作面板。使用变频器之前，首先要熟悉它的面板显示和键盘操作单元（或称控制单元），并且按使用现场的要求合理设置参数。FR-E740 系列变频器的参数设置通常利用固定在其上的操作面板（不能拆下）来实现，也可以使用连接到变频器 PU 接口的参数单元（FR-PU07）来实现。使用操作面板可以进行运行方式、频率的设定，以及运行指令的监视、参数设定、错误指示等。操作面板如图 5-12 所示，其上半部为面板显示器，下

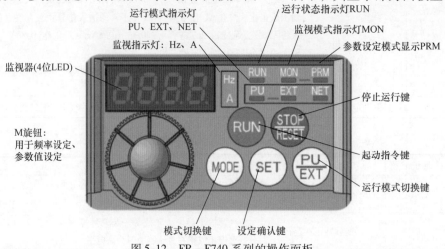

图 5-12　FR-E740 系列的操作面板

半部为 M 旋钮和各种按键。它们的具体功能分别见表 5-4 和表 5-5。

表 5-4 旋钮、按键功能

旋钮和按键	功能
M 旋钮（三菱变频器旋钮）	旋动该旋钮用于频率设定、参数值设定。按下该旋钮可显示以下内容 • 监视模式时的设定频率 • 校正时的当前设定值 • 报警历史模式时的顺序
模式切换键 MODE	用于切换各设定模式。和运行模式切换键同时按下也可以用来切换运行模式。长按此键（2s）可以锁定操作
设定确认键 SET	各设定的确定 此外，当运行中按此键则监视器循环显示出现以下内容： 运行频率、输出电流、输出电压
运行模式切换键 PU/EXT	用于切换 PU/外部运行模式 使用外部运行模式（通过另接的频率设定电位器和起动信号起动运行）时请按此键，使表示运行模式的 EXT 处于亮灯状态 切换至组合模式时，可同时按 MODE 键 0.5s，或者进行 Pr.79 设置变更参数
起动指令键 RUN	在 PU 模式下，按此键起动运行 通过 Pr.40 的设定，可以选择旋转方向
停止运行键 STOP/RESET	在 PU 模式下，按此键停止运转 在保护功能（严重故障）生效时，也可以进行报警复位

表 5-5 运行状态显示

显示	功能
运行模式显示	PU：PU 运行模式时亮灯 EXT：外部运行模式时亮灯 NET：网络运行模式时亮灯
监视器（4 位 LED）	显示频率、参数编号等
监视数据单位显示	Hz：显示频率时亮灯；A：显示电流时亮灯 （显示电压时熄灯，显示设定频率监视时闪烁）
运行状态显示 RUN	当变频器动作时亮灯或者闪烁；其中： 亮灯——正转运行中 缓慢闪烁（1.4s 循环）——反转运行中 下列情况下出现快速闪烁（0.2s 循环）： • 按键或输入起动指令都无法运行时 • 有起动指令，但频率指令在起动频率以下时 • 输入了 MRS 信号时
参数设定模式显示 PRM	参数设定模式时亮灯
监视器显示 MON	监视模式时亮灯

（2）变频器的运行模式。由表 5-4 和表 5-5 可见，在变频器不同的运行模式下，各种按

键、M 旋钮的功能各异。所谓运行模式是指对输入到变频器的启动指令和设定频率的命令来源的指定。

一般来说，使用控制电路端子、在外部设置电位器和开关来进行操作的是"外部运行模式"，使用操作面板或参数单元输入启动指令、设定频率的是"PU 运行模式"，通过 PU 接口进行 RS – 485 通信或使用通信选件的是"网络运行模式（NET 运行模式）"。在进行变频器操作以前，必须了解其各种运行模式，才能进行各项操作。

FR – E740 系列变频器通过参数 Pr. 79 的值来指定变频器的运行模式，设定值范围为 0、1、2、3、4、6、7；这 7 种运行模式的内容以及相关 LED 显示状态见表 5-6。

表 5-6　运行模式选择（Pr. 79）

设定值	内　　容		LED 显示状态（■：灭灯　□：亮灯）
0	外部/PU 切换模式，通过 PU/EXT 键可切换 PU 与外部运行模式 注意：接通电源时为外部运行模式		外部运行模式：EXT PU 运行模式：PU
1	固定为 PU 运行模式		PU
2	固定为外部运行模式 可以在外部、网络运行模式间切换运行		外部运行模式：EXT 网络运行模式：NET
3	外部/PU 组合运行模式 1		PU　EXT
	频率指令	起动指令	
	用操作面板设定或用参数单元设定，或外部信号输入［多段速设定，端子 4 – 5 间（在 AU 信号为 ON 时有效）］	外部信号输入（端子 STF、STR）	
4	外部/PU 组合运行模式 2		
	频率指令	起动指令	
	外部信号输入（端子 2、4、JOG、多段速选择等）	通过操作面板的 RUN 键或通过参数单元的 FWD、REV 键来输入	
6	切换模式 可以在保持运行状态的同时，进行 PU 运行、外部运行、网络运行的切换		PU 运行模式：PU 外部运行模式：EXT 网络运行模式：NET
7	外部运行模式（PU 运行互锁） X12 信号为 ON 时，可切换到 PU 运行模式（外部运行中输出停止） X12 信号为 OFF 时，禁止切换到 PU 运行模式		PU 运行模式：PU 外部运行模式：EXT

变频器出厂时，参数 Pr.79 的设定值为 0。当停止运行时用户可以根据实际需要修改其设定值。

修改 Pr.79 设定值的一种方法是，同时按住"MODE"键和"PU/EXT"键 0.5s，然后旋动 M 旋钮，选择合适的 Pr.79 参数值，再用"SET"键确定。图 5-13 是把 Pr.79 设定为 4（组合模式 2）的例子。

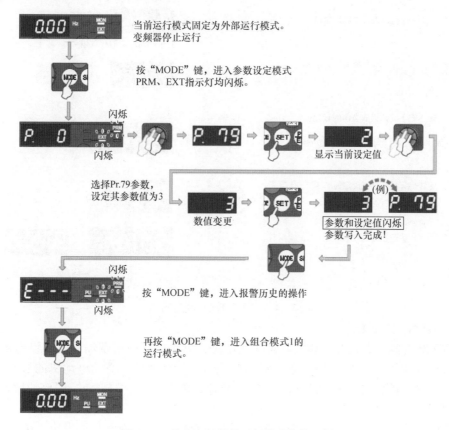

当前运行模式固定为外部运行模式。
变频器停止运行

按"MODE"键，进入参数设定模式
PRM、EXT指示灯均闪烁。

显示当前设定值

选择Pr.79参数，
设定其参数值为3

数值变更

参数和设定值闪烁
参数写入完成！

按"MODE"键，进入报警历史的操作

再按"MODE"键，进入组合模式1的
运行模式。

图 5-13 修改变频器的运行模式参数示例

如果分拣单元的机械部分已经装配好，在完成主电路接线后，就可以用变频器直接驱动电动机试运行。当 Pr.79 =4 时，把调速电位器的三个引出端分别连接到变频器的⑩、②、⑤端子（滑动臂引出端连接端子②），接通电源后，按起动指令键 RUN，即可起动电动机，旋动调速电位器即可连续调节电动机转速。

在分拣单元的机械部分装配完成后，进行电动机试运行是必要的，这可以检查机械装配的质量，以便作进一步的调整。

（3）设定参数的操作方法。变频器参数的出厂设定值被设置为完成简单的变速运行。如需按照负载和操作要求设定参数，则应进入参数设定模式，先选定参数号，然后设置其参数值。设定参数分两种情况，一种是停机 STOP 方式下重新设定参数，这时可设定所有参数；另一种是在运行时设定，这时只允许设定部分参数，但是可以核对所有参数号及参数。图 5-14 是参数设定过程的一个例子，所完成的操作是把参数 Pr.1（上限频率）从出厂设定值 120.0Hz 变更为 50.0Hz，假定当前运行模式为外部/PU 切换模式（Pr.79 =0）。

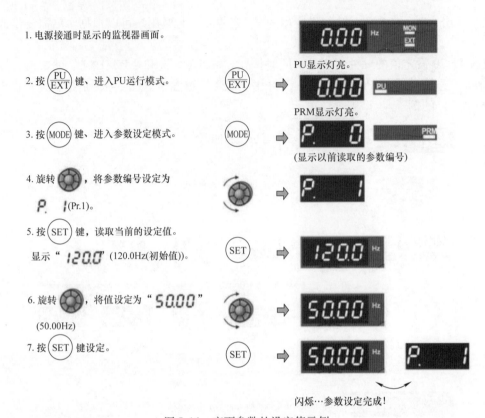

1. 电源接通时显示的监视器画面。

2. 按 $\binom{PU}{EXT}$ 键、进入PU运行模式。

   PU显示灯亮。

3. 按 (MODE) 键、进入参数设定模式。

   PRM显示灯亮。

   (显示以前读取的参数编号)

4. 旋转 ，将参数编号设定为

   $P.\ I$(Pr.1)。

5. 按 (SET) 键，读取当前的设定值。

   显示 " 120.0 "(120.0Hz(初始值))。

6. 旋转 ，将值设定为 " 50.00 "

   (50.00Hz)

7. 按 (SET) 键设定。

   闪烁…参数设定完成!

图 5-14　变更参数的设定值示例

3. 常用参数设置训练

FR – E740 变频器有几百个参数，实际使用时，只需根据使用现场的要求设定部分参数，其余按出厂设定即可。一些常用参数，例如变频器的运行环境：驱动电动机的规格、运行的限制；参数的初始化；电动机的起动、运行和调速、制动等命令的来源、频率的设置等方面，则是应该熟悉的。

下面根据分拣单元工艺过程对变频器的要求，介绍一些常用参数的设定。关于参数设定更详细的说明请参阅 FR – E740 使用手册。

（1）输出频率的限制。为了限制电动机的速度，应对变频器的输出频率加以限制。用 Pr.1 "上限频率" 和 Pr.2 "下限频率" 来设定，可将输出频率的上、下限钳位。

当在 120Hz 以上运行时，用参数 Pr.18 "高速上限频率" 设定高速输出频率的上限。Pr.1 与 Pr.2 的出厂设定范围为 0 ~ 120Hz，出厂设定值分别为 120Hz 和 0Hz。Pr.18 的出厂设定范围为 120 ~ 400Hz。输出频率和设定值的关系如图 5-15 所示。

（2）加减速时间。各参数的意义及设定范围见表 5-7。

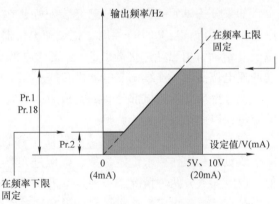

图 5-15　输出频率与设定值的关系

表5-7　加减速时间相关参数的意义及设定范围

参数号	参数意义	出厂设定	设定范围	备　注
Pr. 7	加速时间	5s	0~3600s/0~360s	根据 Pr. 21 加减速时间单位的设定值进行设定。初始值的设定范围为 "0~3600s"、设定单位为 "0.1s"
Pr. 8	减速时间	5s	0~3600s/0~360s	
Pr. 20	加/减速基准频率	50Hz	1~400Hz	
Pr. 21	加/减速时间单位	0	0/1	0：0~3600s；设定单位：0.1s 1：0~360s；设定单位：0.01s

设定说明：

① 用 Pr. 20 为加/减速的基准频率，在我国为 50Hz。

② Pr. 7 加速时间用于设定从停止到 Pr. 20 加减速基准频率的加速时间。

③ Pr. 8 减速时间用于设定从 Pr. 20 加减速基准频率到停止的减速时间。

（3）直流制动。在分拣过程中，若工作任务要求减速时间不能太小，且应在工件高速移动下准确定位停车，以便把工件推出，这时常常需要使用直流制动方式。

直流制动是通过向电动机施加直流电压来使电动机轴不转动的。其参数包括：①动作频率的设定（Pr. 10）。②动作时间的设定（Pr. 11）。③动作电压（转矩）的设定（Pr. 12）3 个参数。各参数的意义及设定范围见表 5-8。

表5-8　直流制动参数的意义及设定范围

参数号	参数意义	出厂设定		设定范围	备注
Pr. 10	直流制动动作频率	3Hz		0~120Hz	直流制动的动作频率
Pr. 11	直流制动动作时间	0.5s		0	无直流制动
				0.1~10s	直流制动的动作时间
Pr. 12	直流制动动作电压	0.4~7.5kV	4%	0%~30%	直流制动电压（转矩）设定为 "0" 时，无直流制动

（4）多段速运行模式的操作。变频器在外部操作模式或组合操作模式 2 下，变频器可以通过外接的开关器件组合的通断改变输入端子的状态来实现调速。这种控制频率的方式称为多段速控制功能。

FR – E740 变频器的速度控制端子是 RH、RM 和 RL。通过这些端子状态的组合实现 3 段、7 段的控制。

转速的切换：由于转速的档次是按二进制数的顺序排列的，故三个输入端可以组合成 3~7 档（0 状态不计）转速。其中，3 段速由 RH、RM、RL 单个通断来实现。7 段速由 RH、RM、RL 通断的组合来实现。

7 段速的各自运行频率则由参数 Pr. 4 – Pr. 6（设置前 3 段速的频率）、Pr. 24 – Pr. 27（设置第 4 段速至第 7 段速的频率）来设定。对应的控制端状态及参数关系如图 5-16 所示。

多段速度设定在 PU 运行模式和外部运行模式中都可以设定。运行期间参数值也能被改变。在 3 段速设定的场合，2 段速以上同时被选择时，低速信号的设定频率优先。

最后指出，如果把参数 Pr. 183 设置为 8，将 MRS 端子的功能转换成多速段控制端 REX，就可以用 RH、RM、RL 和 REX 通断的组合来实现 15 段速。详细的说明请参阅 FR – E700 使用手册。

参数号	参数意义	出厂设定	设定范围	备注
Pr.4		50Hz	0～400Hz	
Pr.5		30Hz	0～400Hz	
Pr.6		10Hz	0～400Hz	
Pr.24～27		9999	0～400Hz，9999	9999：未选择

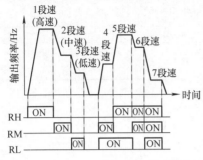

1段速：RH单独接通，Pr.4设定频率
2段速：RM单独接通，Pr.5设定频率
3段速：RL单独接通，Pr.6设定频率
4段速：RM、RL同时通，Pr.24设定频率
5段速：RH、RL同时通，Pr.25设定频率
6段速：RH、RM同时通，Pr.26设定频率
7段速：RH、RM、RL全通，Pr.27设定频率

图5-16　多段速控制对应的控制端状态

（5）通过模拟量输入（端子2、4）设定频率。分拣单元变频器的频率设定，除了用PLC输出端子控制多段速度设定外，还有连续设定频率的需求。例如在变频器安装和接线完成进行运行试验时，常常用调速电位器连接到变频器的模拟量输入信号端，进行连续调速试验。此外，在触摸屏上指定变频器的频率，则此频率也应该是连续可调的。需要注意的是，如果要用模拟量输入（端子2、4）设定频率，则RH、RM、RL端子应断开，否则多段速度设定优先。

① 模拟量输入信号端子的选择。

FR－E700系列变频器提供两个模拟量输入信号端子（端子2、4）用作连续变化的频率设定。在出厂设定情况下，只能使用端子2，端子4无效。

要使端子4有效，需要在各接点输入端子STF、STR、…、RES之中选择一个，将其功能定义为AU信号输入。当这个端子与SD端短接时，AU信号为ON，端子4变为有效，端子2变为无效。

例如：选择RES端子用作AU信号输入，则设置参数Pr.184＝"4"，在RES端子与SD端之间连接一个开关，当此开关断开时，AU信号为OFF，端子2有效；反之，当此开关接通时，AU信号为ON，端子4有效。

② 模拟量信号的输入规格。

如果使用端子2，模拟量信号可为0～5V或0～10V的电压信号，用参数Pr.73指定，其出厂设定值为1，指定为0～5V的输入规格，并且无可逆运行。参数Pr.73的取值范围为0、1、10、11，具体内容见表5-10。

如果使用端子4，模拟量信号可为电压输入（0～5V、0～10V）或电流输入（4～20mA初始值），用参数Pr.267和电压/电流输入切换开关设定，并且要输入与设定相符的模拟量信号。Pr.267的取值范围为0、1、2，具体内容见表5-9。

必须注意的是，若发生切换开关与输入信号不匹配的错误（例如开关设定为电流输入I，但端子输入却为电压信号；或反之）时，会导致外部输入设备或变频器故障。

对于频率设定信号（DC 0～5V、DC 0～10V或DC 4～20mA）的相应输出频率的大小可用参数Pr.125（对端子2）或Pr.126（对端子4）设定，用于确定输入增益（最大）的频率。它们的出厂设定值均为50Hz，设定范围为0～400Hz。

表 5-9　模拟量输入选择（Pr. 73、Pr. 267）

参数号	参数意义	出厂设定	设定范围	备注	
Pr. 73	模拟量输入选择	1	0	端子 2 输入 0～10V	无可逆运行
			1	端子 2 输入 0～5V	
			10	端子 2 输入 0～10V	有可逆运行
			11	端子 2 输入 0～5V	
Pr. 267	端子 4 输入选择	0	0	电压/电流输入切换开关	内容
				I ▭ V	端子 4 输入 4～20mA
			1	I ▭ V	端子 4 输入 0～5V
			2		端子 4 输入 0～10V

注：1. 电压输入时：输入电阻 10kΩ ± 1kΩ、最大容许电压 DC 20V。

2. 电流输入时：输入电阻 233Ω ± 5Ω、最大容许电流 30mA。

（6）参数清除。如果用户在参数调试过程中遇到问题，并且希望重新开始调试，可用参数清除操作实现。即，在 PU 运行模式下，设定 Pr. CL 参数清除、ALLC 参数全部清除均为"1"，可使参数恢复为初始值。但如果设定 Pr. 77 为"1"（即禁止）时写入，则无法清除。当进行参数清除操作时，需要在参数设定模式下，用 M 旋钮选择参数编号为 Pr. CL 和 ALLC，把它们的值均置为 1，操作步骤如图 5-17 所示。

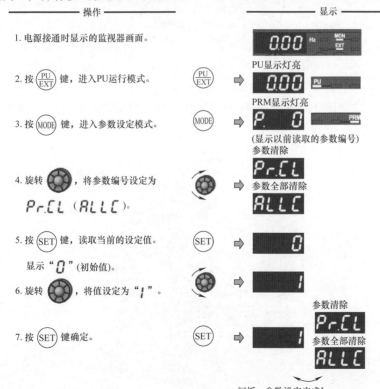

图 5-17　参数全部清除的操作示意图

5.4 情境实施

5.4.1 分拣单元的安装技能训练

1. 训练目标

在了解分拣单元结构的基础上，将分拣单元的机械部分拆开，分解成组件和零件的形式，然后再组装成原样。要求掌握机械设备的安装、调整方法与技巧。

2. 安装步骤和方法

分拣单元机械装配可按如下 4 个阶段进行：

1）完成传送机构的组装，装配传送带装置及其支座，然后将其安装到底板上，如图 5-18 所示。

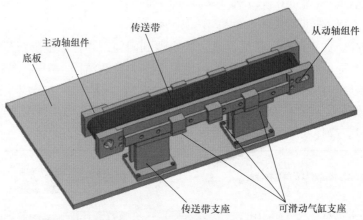

图 5-18　传送机构组件安装

2）完成驱动电动机组件装配，进一步装配联轴器，把驱动电动机组件与传送机构相连接并固定在底板上，如图 5-19 所示。

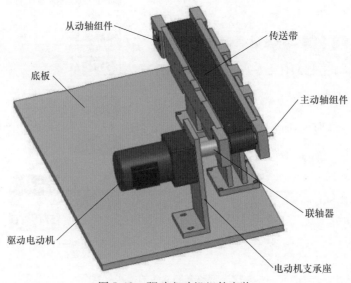

图 5-19　驱动电动机组件安装

3）继续完成推料气缸支架、推料气缸、传感器支架、出料槽及支承板等的装配，如图5-20所示。上述三个阶段的详细安装过程，请参阅分拣单元装配幻灯片。

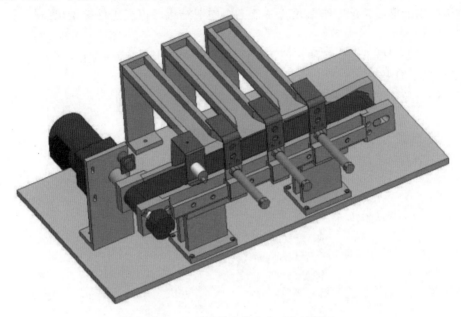

图5-20 机械部件安装完成时的效果图

4）最后完成各传感器、电磁阀组件、装置侧接线端口等的装配。

5）安装时应注意的事项：

传送带的安装应注意：①传送带托板与传送带两侧板的固定位置应调整好，以免传送带安装后凹入侧板表面，造成推料被卡住的现象出现；②主动轴和从动轴的安装位置不能错，主动轴和从动轴的安装板的位置不能相互调换；③传送带的张紧度应调整适中；④要保证主动轴和从动轴平行；⑤为了使传动部分平稳可靠，噪声减小，使用了滚动轴承为动力回转件，但滚动轴承及其安装配合零件均为精密结构件，对其拆装需要具有一定的技能和专用的工具，建议不要自行拆卸。

5.4.2 分拣单元的 PLC 控制实训

1. 工作任务

（1）设备的工作目标是完成对白色芯金属工件、白色芯塑料工件和黑色芯金属或塑料工件进行分拣。为了在分拣时准确推出工件，要求使用旋转编码器作定位检测，并且工件材料和芯体颜色属性应在推料气缸前的相应位置被检测出来。

（2）设备在电源和气源接通后，若工作单元的三个气缸均处于缩回位置，则"正常工作"指示灯 HL1 常亮，表示设备准备好。否则，该指示灯以 1Hz 频率闪烁。

（3）若设备准备好，按下起动按钮，系统起动，"设备运行"指示灯 HL2 常亮。当传送带入料口人工放下已装配的工件时，变频器即起动，驱动传动电动机以 30Hz 固定频率的速度运转，把工件带往分拣区。

如果工件为白色芯金属工件，则该工件到达 1 号滑槽中间，传送带停止，工件被推到 1

号槽中；如果工件为白色芯塑料，则该工件到达 2 号滑槽中间，传送带停止，工件被推到 2 号槽中；如果工件为黑色芯，则该工件到达 3 号滑槽中间，传送带停止，工件被推到 3 号槽中。工件被推出滑槽后，该工作单元的一个工作周期结束。仅当工件被推出滑槽后，才能再次向传送带下料。

如果在运行期间按下停止按钮，该工作单元在本工作周期结束后停止运行。

2. PLC 的 I/O 接线

根据工作任务要求，设备机械装配和传感器安装效果如图 5-21 所示。

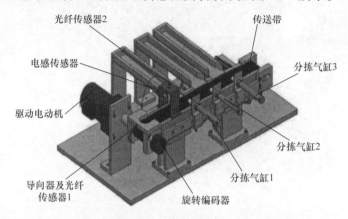

图 5-21　分拣单元的机械装配和传感器安装效果

分拣单元装置侧接线端口信号端子的分配见表 5-10。由于用于判别工件材料和芯体颜色属性的传感器只需安装在传感器支架上的电感式传感器和一个光纤传感器，故光纤传感器 2 可不使用，该传感器改为安装在进料导向器下，用作进料口工件检测。

表 5-10　分拣单元装置侧接线端口信号端子的分配

输入端口中间层			输出端口中间层		
端子号	设备符号	信号线	端子号	设备符号	信号线
2	DECODE	旋转编码器 B 相	2	1Y	推杆 1 电磁阀
3		旋转编码器 A 相	3	2Y	推杆 2 电磁阀
4	SC1	导向器及光纤传感器 1	4	3Y	推杆 3 电磁阀
5	SC2	光纤传感器 2			
6	SC3	进料口工件检测			
7	SC4	电感式传感器			
8					
9	1B	推杆 1 推出到位			
10	2B	推杆 2 推出到位			
11	3B	推杆 3 推出到位			
12～17#端子没有连接			5～14#端子没有连接		

分拣单元 PLC 选用三菱 FX2N–32MR 主单元，共 16 点输入和 16 点继电器输出。由于工作任务中规定电动机的运行频率固定为 30Hz，可以只连接一个变频器的速度控制端子，例如"RH"端，设定参数 Pr.79 =2（固定为外部运行模式），同时须设定 Pr.4 =30Hz。这样，当 FR–E740 的端子"STF"和"RH"为 ON 时，电动机起动并以固定频率为 30Hz 的速度正向运转。

PLC 的 I/O 信号的分配如表 5-11 所示，I/O 接线原理如图 5-22 所示。

表 5-11　分拣单元 PLC 的 I/O 信号的分配

输入信号				输出信号			
序号	PLC 输入点	信号名称	信号来源	序号	PLC 输出点	信号名称	信号输出目标
1	X000	旋转编码器 B 相		1	Y000	STF	变频器
2	X001	旋转编码器 A 相		2	Y001	RH	变频器
3	X002	旋转编码器 Z 相		3			
4	X003	进料口工件检测	装置侧	4			
5	X004	电感式传感器		5			
6	X005	光纤传感器		6	Y004	推杆 1 电磁阀	
7	X006			7	Y005	推杆 2 电磁阀	
8	X007	推杆 1 推出到位		8	Y006	推杆 3 电磁阀	
9	X010	推杆 2 推出到位		9	Y007	HL1	按钮/指示灯模块
10	X011	推杆 3 推出到位		10	Y010	HL2	
11	X012	停止按钮	按钮/指示灯模块	11	Y011	HL3	
12	X013	起动按钮					
13	X014	急停按钮					
14	X015	单机/全线					

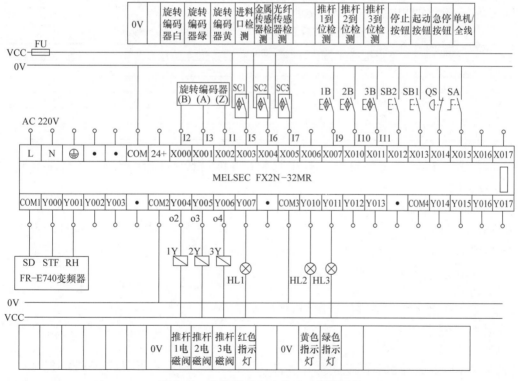

图 5-22　分拣单元 PLC 的 I/O 接线原理

3. 编程要点

（1）高速计数器的编程。

① FX2N 型 PLC 的高速计数器。高速计数器是 PLC 的编程软元件，相对于普通计数器，

高速计数器用于频率高于机内扫描频率的机外脉冲计数，由于计数信号频率高，计数以中断方式进行，计数器的当前值等于设定值时，计数器的输出接点立即工作。

FX2N 型 PLC 内置了 21 个高速计数器，其地址编号为 C235 ~ C255，每一个高速计数器都规定了其功能和占用的输入点。

高速计数器的功能分配如下：C235 ~ C245 共 11 个高速计数器用作单相单计数输入的高速计数，即每一个计数器占用 1 个高速计数输入点，计数方向可以是增序或者减序计数，具体方向取决于对应的特殊辅助继电器 M8□□□ 的状态。例如 C245 占用 X002 作为高速计数输入点，当对应的特殊辅助继电器 M8245 被置位时，作增序计数。C245 还占用 X003 和 X007 分别作为该计数器的外部复位和置位输入端。

C246 ~ C250 共 5 个高速计数器用作单相双计数输入的高速计数，即每一计数器占用 2 个高速计数输入点，其中一点为增计数输入点，另一点为减计数输入点。例如 C250 占用 X003 作为增计数输入点，占用 X004 作为减计数输入点，另外占用 X005 作为外部复位输入端，占用 X007 作为外部置位输入端。同样，计数器的计数方向也可以通过程序中对应的特殊辅助继电器 M8□□□ 的状态指定。

C251 ~ C255 共 5 个高速计数器用作双相双计数输入的高速计数，即每一个计数器占用 2 个高速计数输入点，其中一点为 A 相计数输入点，另一点为与 A 相相位差 90° 的 B 相计数输入点。C251 ~ C255 的功能和占用的输入点见表 5-12。

表 5-12　高速计数器 C251 ~ C255 的功能和占用的输入点

	X000	X001	X002	X003	X004	X005	X006	X007
C251	A	B						
C252	A	B	R					
C253				A	B	R		
C254	A	B		R			S	
C255				A	B	R		S

如前所述，分拣单元所使用的是 A、B 两相具有 90° 相位差的通用型旋转编码器，且 Z 相脉冲信号没有使用。

每一个高速计数器都规定了不同的输入点，但所有的高速计数器的输入点都在 X000 ~ X007 范围内，并且这些输入点不能重复使用。例如，使用了 C251，因为 X000、X001 被占用，所以规定为占用这两个输入点的其他高速计数器（例如 C252、C254 等）都不能使用。

② 高速计数器的编程。如果外部高速数源（旋转编码器输出）已经连接到 PLC 的输入端，那么在程序中就可直接使用相对应的高速计数器进行计数。例如，在图 5-23 中，设定 C255 的设置值为 100，当 C255 的当前值等于 100 时，计数器的输出接点立即工作，从而控制相应的输出 Y010 为 ON。

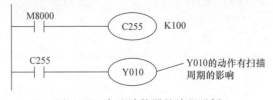

图 5-23　高速计数器的编程示例

由于采用中断方式计数，且当前值等于预置值时，计数器会及时动作，但实际输出信号却依赖于扫描周期。

如果希望计数器动作时就立即输出信号，就要采用中断工作方式，使用高速计数器的专用指令，FX2N 型 PLC 高速处理指令中有 3 条是关于高速计数器的，都是 32 位指令。它们的具体使用方法请参考 FX2N 型 PLC 编程手册。

（2）高速计数器举例说明。下面以现场测试旋转编码器的脉冲当量为例，说明高速计数器的一般使用方法。

例如：旋转编码器脉冲当量的现场测试。

前面已经指出，根据传送带主动轴直径计算旋转编码器的脉冲当量，其结果只是一个估算值。在分拣单元安装调试时，除了要仔细调整以及尽量减少安装偏差外，尚须现场测试脉冲当量值。测试步骤如下：

① 分拣单元安装与调试时，必须仔细调整电动机与主动轴联轴的同心度和传送带的张紧度。调节张紧度的两个调节螺栓应平衡调节，避免传送带运行时跑偏。传送带张紧度以电动机在输入频率为 1Hz 时能顺利起动，低于 1Hz 时难以起动为宜。测试时可把变频器设置为 Pr. 79 = 1，Pr. 3 = 0Hz，Pr. 161 = 1，这样就能在操作机板进行起动/停止操作，并且把 M 旋钮作为电位器使用进行频率调节。

② 安装调整结束后，变频器参数设置为：Pr. 79 = 2（固定的外部运行模式），Pr. 4 = 25Hz（高速段运行频率设定值）。

③ 编写如图 5-24 所示的程序，编译后传送到 PLC。

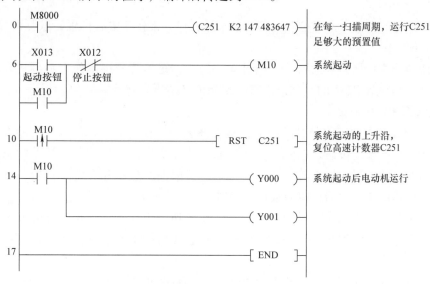

图 5-24　脉冲当量现场测试程序

④ 运行 PLC 程序，并置于监控方式。在传送带进料口中心处放下工件后，按起动按钮起动运行。当工件被传送到一段较长的距离后，按下停止按钮停止运行。观察监控界面上 C251 的读数，将此值填写到表 5-13 的"高速计数脉冲数"一栏中；然后在传送带上测量工件移动的距离，把测量值填写到表中"工件移动距离"一栏中；脉冲当量 μ 计算值 = 工件移动距离/高速计数脉冲数，填写到相应栏目中。

⑤ 重新把工件放到进料口中心处，按下起动按钮即进行第二次测试，按此方法进行三次测试后，求出脉冲当量 μ 的平均值为：$\mu = (\mu_1 + \mu_2 + \mu_3)/3 = 0.2577\text{mm}$。

按如图 5-7 所示的安装尺寸重新计算旋转编码器到各位置应发出的脉冲数：当工件从下料口中心线移至传感器中心时，旋转编码器发出 456 个脉冲；移至第一个推杆中心点时，发出 650 个脉冲；移至第二个推杆中心点时，约发出 1021 个脉冲；移至第三个推杆中心点时，约发出 1361 个脉冲。

表 5-13   脉冲当量现场测试数据

序号 \ 内容	工件移动距离 （测量值）	高速计数脉冲数 （测试值）	脉冲当量 μ （计算值）
第一次	357.8mm	1391	0.2572mm
第二次	358.0mm	1392	0.2572mm
第三次	360.5mm	1394	0.2586mm

在本项任务中，高速计数器编程的目的，是根据 C251 当前值确定工件位置，与存储到指定变量存储器的特定位置数据进行比较，以确定程序的流向。特定位置考虑如下：

工件属性判别位置应稍滞后于进料口到传感器中心位置，故取脉冲数为 470，存储在 D110 单元中（双整数）。

从位置 1 推出的工件，停车位置应稍超前于进料口到推杆 1 中心位置，取脉冲数为 600，存储在 D114 单元中。

从位置 2 推出的工件，停车位置应稍超前于进料口到推杆 2 中心位置，取脉冲数为 970，存储在 D118 单元中。

从位置 3 推出的工件，停车位置应稍超前于进料口到推杆 3 中心位置，取脉冲数为 1325，存储在 D122 单元中。

注意：特定位置数据均从进料口开始计算，因此，每当待分拣工件下料到进料口，电动机开始起动时，必须对 C251 的当前值进行一次复位（清零）操作。

4. 程序结构和程序调试

（1）分拣单元的主要工作是分拣控制。应在通电后，首先进行初始状态的检查，确认系统准备就绪后，按下起动按钮，进入运行状态后，才开始进行分拣控制。初始状态检查的程序流程与前面所述的供料、加工等单元是类似的。但前面所述的几个特定位置数据，必须在通电后第 1 个扫描周期内写到相应的数据存储器中。

系统进入运行状态后，应随时检查是否有停止按钮按下。若停止指令已经发出，则应在系统完成一个工作周期回到初始步时，复位运行状态和初始步使系统停止。这一部分程序的编写，请读者自行完成。

（2）分拣过程采用的是一个步进顺序控制程序，编程思路如下：

① 初始步：当检测到待分拣工件下料到进料口后，复位高速计数器 C251，并以固定频率起动变频器驱动电动机运转，如图 5-25 所示。

② 当工件经过安装在传感器支架上的光纤探头和电感式传感器时，根据两个传感器动作与否，判别工件的属性，决定程序的流向。

C251 当前值与传感器位置值的比较可采用触点比较指令实现。完成上述功能的梯形图如图 5-26 所示。

③ 根据工件属性和分拣任务要求，在相应的推料气缸位置把工件推出。推料气缸返回后，步进顺序控制子程序返回初始步。这部分程序的编写也请读者自行完成。

5.4.3   程序调试

（1）调试程序时，传感器灵敏度的调整和检测点位置的确定是判别工件属性的关键，应

```
86                                                              [ STL  S0  ]

      X003      M11      M10                                             K5
87   ──┤├──────┤/├──────┤├─────────────────────────────────────────( T0 )
      进料检测  停止指令  运行状态

      T0
93   ──┤├──┬──────────────────────────────────────────────────[ SET  Y000 ]
          │                                                           STF
          │
          ├──────────────────────────────────────────────────[ SET  Y001 ]
          │                                                           RH
          │
          └──────────────────────────────────────────────────[ RST  C251 ]

      T0
98   ──┤├───────────────────────────────────────────────────[ SET  S10  ]
```

图 5-25 分拣控制的初始步

```
101                                                            [ STL  S10 ]

       X004
102   ──┤├────────────────────────────────────────────────[ SET  M4  ]
      金属传感器                                                  金属工件
       X005
104   ──┤├────────────────────────────────────────────────[ SET  M5  ]
      白芯识别                                                    白芯工件

106  ─[ D>=   C251  D110 ]─┬──M5────M4─────────────────────[ SET  S11 ]
                           │ ──┤├────┤├──
                           │
                           ├──M5────M4─────────────────────[ SET  S20 ]
                           │ ──┤├────┤/├──
                           │
                           └──M5───────────────────────────[ SET  S30 ]
                             ──┤/├──
```

图 5-26 在传感器位置判别工件属性

仔细反复调整。一般检测点位置约在光纤传感器中心往后 1~2mm。

（2）为了使工件准确地从推杆中心点推出，工件停止运动时刻应有一个提前量，此提前量与变频器减速时间和运动速度有关，应仔细调整。当变频器输出频率较高（例如达 50Hz），且变频器减速时间达到 1s 以上时，应采用直流制动方式使电动机停车。

5.5　情境小结

通过本学习情境的学习，掌握直线气缸、单电控电磁阀等基本气动元件的功能、特性，能构成基本的气动系统，并能连接和调整气动控制回路；掌握光纤传感器、异步电动机及其传送机构、变频器的工作原理，具备根据分拣系统电气接线图完成电路连接和调试的能力。独立完成分拣单元机电系统的安装与调试；独立查阅参考文献和解决问题。能进行电气控制原理图的分析与绘制，根据工作任务要求设计 PLC 程序并调试，能与团队合作，养成良好的职业素养。

5.6　情境自测

1. 叙述分拣站装配单元的结构和功能。
2. 简述传感器的主要技术指标。
3. 简述更换损坏的电磁阀的步骤。
4. 总结检查气动连线、传感器接线、I/O 检测及故障排除方法。
5. 如果在分拣过程中出现意外情况如何处理？
6. 思考分拣单元各种可能出现的问题。

人机界面站的安装、调试与维护

6.1 情境导入

人机界面（又称为用户界面或使用者界面）是系统和用户之间进行交互和信息交换的媒介，它实现信息的内部形式与人类可以接受形式之间的转换。凡参与人机信息交流的领域都存在着人机界面。用户和系统之间一般用面向问题的受限自然语言进行交互。目前有的系统开始利用多媒体技术开发新一代的用户界面。图 6-1 所示为 YL－335B 型光机电一体化设备人机界面站机电设备实物。

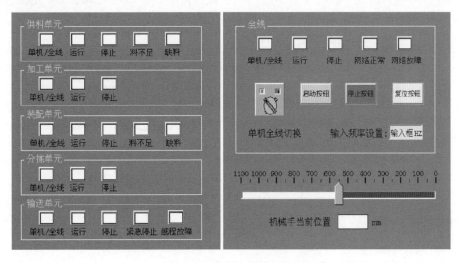

图6-1 人机界面站机电设备实物

6.2 学习目标

1）掌握人机界面的概念及特点，人机界面的组态方法，能编写人机交互的组态程序，并进行安装、调试。

2）掌握 FX 系列 PLC 特殊功能模拟量模块 FX0N－3A 的主要性能、接线以及使用、编程方法。

3）掌握用模拟量输入控制变频器频率的接线、参数设置。

4）编写用人机界面控制分拣单元运行程序，并解决调试与运行过程中出现的问题。

5）培养独立查阅参考文献和思考的能力。

6）培养正确使用工具、劳动防护用品、清扫车间等良好的职业素养。

6.3 知识衔接

6.3.1 认知 TPC7062KS 人机界面

YL－335B 型光机电一体化设备采用了北京昆仑通态自动化软件科技有限公司研发的人机界面 TPC7062KS。TPC7062KS 是一款在实时多任务嵌入式操作系统 WindowsCE 环境中运行，并装有 MCGS 嵌入版组态软件的人机界面。

该产品在设计上采用了 7in（1in＝25.4mm）高亮度 TFT 液晶显示屏（分辨率"800 × 480"），四线电阻式触摸屏（分辨率"4096 × 4096"），色彩达 64KB 彩色。CPU 主板：ARM 结构嵌入式低功耗 CPU 为核心，主频 400MHz，64MB 存储空间。

6.3.1.1 TPC7062KS 人机界面的硬件连接

TPC7062KS 人机界面的电源进线、各种通信接口均在其背面，如图 6-2a 所示。其中 USB1 口用来连接鼠标和 U 盘等，USB2 口用作工程项目下载，COM（RS232）用来连接 PLC。下载线和通信线如图 6-2b 所示。

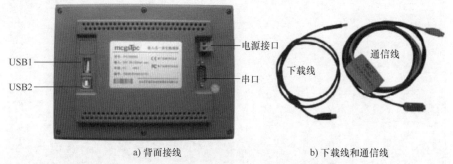

a) 背面接线   b) 下载线和通信线

图 6-2　TPC7062KS 人机界面的接口与连接线

1. TPC7062KS 触摸屏与个人计算机的连接

在 YL－335B 型光机电一体化设备上，TPC7062KS 触摸屏是通过 USB2 口与个人计算机连接的，连接以前，个人计算机应先安装 MCGS 组态软件。

当需要在 MCGS 组态软件上把资料下载到 HMI 时，只要在下载配置里选择"连机运行"，单击"工程下载"即可，如图 6-3 所示。如果工程项目要在计算机中进行模拟测试，则选择"模拟运行"，然后下载工程。

2. TPC7062KS 触摸屏与 FX 系列 PLC 的连接

在 YL－335B 型光机电一体化设备的出厂配置中，触摸屏通过 COM 口直接与输送站的 PLC（FX1N－40MT）的编程口连接。所使用的通信线带有 RS232/RS422 转换器，如图 6-2b 所示。

图 6-3　工程下载方法

为了实现正常通信，除了正确进行硬件连接外，尚须对触摸屏的串行口 0 属性进行设置，这将在设备窗口组态中实现，设置方法将在后面的工作任务中详细说明。

3. TPC7062KS 触摸屏的启动

使用 24V 直流电源给 TPC7062KS 供电，开机启动后屏幕出现"正在启动"提示进度条，此时不需要任何操作系统将自动进入工程运行界面，如图 6-4 所示。

图 6-4　TPC7062KS 启动及运行界面

6.3.1.2　触摸屏设备组态

为了通过触摸屏设备操作机器或系统，必须给触摸屏设备组态用户界面，该过程称为"组态阶段"。系统组态就是通过 PLC 以"变量"方式进行操作单元与机械设备或过程之间的通信。变量值写入 PLC 上的存储区域（地址），由操作单元从该区域读取。

运行 MCGS 嵌入版组态软件，在出现的界面上，单击菜单中"文件"→"新建工程"，弹出图 6-5 所示界面。MCGS 嵌入版用"工作台"窗口来管理构成用户应用系统的五个部分，工作台上的五个标签（主控窗口、设备窗口、用户窗口、实时数据库和运行策略）对应于五个不同的窗口页面，每一个页面负责管理用户应用系统的一个部分，用鼠标单击不同的标签可选取不同窗口页面，对应用系统的相应部分进行组态操作。

图 6-5　工作台

1. 主控窗口

MCGS 嵌入版组态软件的主控窗口是组态工程的主窗口，是所有设备窗口和用户窗口的父窗口，它相当于一个大容器，可以放置一个设备窗口和多个用户窗口，负责这些窗口的管理和调度，并调度用户策略的运行。同时，主控窗口又是组态工程结构的主框架，可在主控窗口内设置系统运行流程及特征参数，方便用户操作。

2. 设备窗口

设备窗口是 MCGS 嵌入版系统与作为测控对象的外部设备建立联系的后台作业环境，负责驱动外部设备，控制外部设备的工作状态。系统通过设备与数据对象之间的通道，把外部设备的运行数据采集进来，送入实时数据库，供系统其他部分调用，并且把实时数据库中的数据输出到外部设备，实现对外部设备的操作与控制。

3. 用户窗口

用户窗口本身是一个"容器"，用来放置各种图形对象（图元、图符和动画构件），不同的图形对象对应不同的功能。通过对用户窗口内多个图形对象的组态，生成漂亮的图形界面，为实现动画显示效果做准备。

4. 实时数据库

在 MCGS 嵌入版组态软件中，用数据对象来描述系统中的实时数据，用对象变量代替传统意义上的值变量，把数据库技术管理的所有数据对象的集合称为实时数据库。

实时数据库是 MCGS 嵌入版系统的核心，是应用系统的数据处理中心。系统各个部分均以实时数据库作为公用区来交换数据，实现各个部分协调动作。

设备窗口通过设备构件驱动外部设备，将采集的数据送入实时数据库；由用户窗口组成的图形对象，与实时数据库中的数据对象建立连接关系，以动画形式实现数据的可视化；运行策略通过策略构件，对数据进行操作和处理。实时数据库数据流如图 6-6 所示。

5. 运行策略

对于复杂的工程，监控系统通常设计成多分支、多层循环的嵌套式结构，按照预定的条件，对系统的运行流程及设备的运行状态进行针对性地选择和精确地控制。为此，MCGS嵌入版组态软件引入运行策略的概念，用以解决上述问题。

所谓运行策略，就是用户为实现对系统运行流程自由控制所组态生成的一系列功能块的总称。MCGS 嵌入版组态软件为用户提供了进行策略组态的专用窗口和工具箱。运行策略的建立，使系统能够按照设定的顺序和条件，操作实时数据库，控制用户窗口的打开、关闭以及设备构件的工作状态，从而实现对系统工作过程精确控制及有序调度管理的目的。

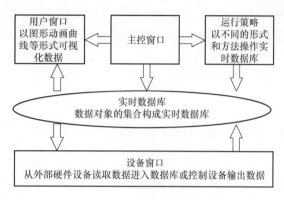

图 6-6　实时数据库数据流

6.3.2　采用人机界面时的工作任务

为了进一步说明人机界面组态的具体方法和步骤，下面给出一个在情境五的实训工作任务的基础上稍作修改的，由人机界面提供主令信号并显示系统工作状态的工作任务。

1. 设备准备工作

设备的工作目标、电源和气源接通后的初始位置、具体的分拣要求均与原工作任务相同；启/停操作和工作状态指示，则不通过按钮指示灯盒操作指示，而是在触摸屏上实现。这时，分拣站的 I/O 接线原理如图 6-7 所示。

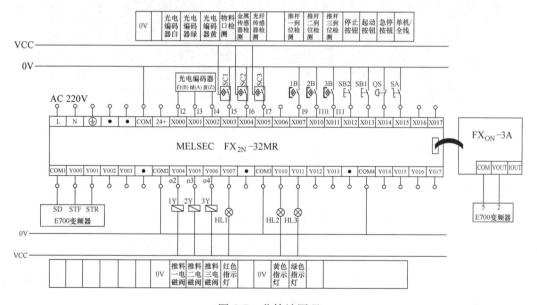

图 6-7　分拣站原理

注：运行时，PLC 编程口应通过通信线与触摸屏 COM1 口相连。

2. 工作过程

当传送带入料口人工放下已装配的工件时，变频器即启动，驱动传动电动机以触摸屏给定的速度，把工件带往分拣区。频率在 40~50Hz 之间调节。各料槽工件累计数据显示在触摸屏上，且数据在触摸屏上可以清零。根据以上要求完成人机界面组态和分拣程序的编写。

6.4 情境实施

6.4.1 人机界面组态示例

下面给出一个工作任务作为人机界面组态的示例，任务要求的分拣站画面效果如图 6-8 所示。画面中包含了如下内容：

状态指示：单机/全线、运行、停止。切换旋钮：单机全线切换。按钮：启动按钮、停止按钮、清零累计。数据输入：变频器频率给定（变频器输入频率设置）。数据输出显示：白芯金属工件累计、白芯塑料工件累计、黑色芯体工件累计。

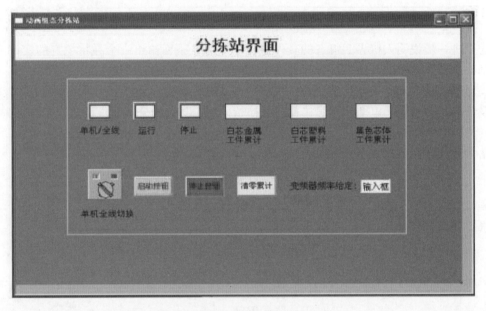

图 6-8　分拣站界面

组态画面各元件对应的 PLC 地址，见表 6-1。

表 6-1　触摸屏组态画面各元件对应的 PLC 地址

元件类别	名称	输入地址	输出地址	备注
位状态切换开关	单机全线切换	M0001	M0001	
位状态开关	启动按钮		M0002	
	停止按钮		M0003	
	清零累计		M0004	

元件类别	名称	输入地址	输出地址	备注
位状态指示灯	单机/全线	M0001	M0001	
	运行		M0000	
	停止		M0000	
数值输入元件	变频器频率给定	D0000	D0000	最小值40，最大值50
数值输出元件	白芯金属工件累计	D0130		
	白芯塑料工件累计	D0131		
	黑色芯体工件累计	D0132		

人机界面的组态步骤和方法如下：

1．创建工程

运行MCGS嵌入版组态环境软件，单击"新建工程"。在"新建工程设置"界面中选择触摸屏型号，若在TPC类型中找不到"TPC7062KS"，则请选择"TPC7062K"。工程名称为"分拣站"。

2．定义数据对象

根据前面给出的表6-1，定义数据对象，所有的数据对象见表6-2。

表6-2　数据对象

数据名称	数据类型
运行状态	开关型
单机/全线切换	开关型
启动按钮	开关型
停止按钮	开关型
清零累计	开关型
变频器频率给定	数值型
白芯金属工件累计	数值型
白芯塑料工件累计	数值型
黑色芯体工件累计	数值型

下面以数据对象"运行状态"为例，介绍定义数据对象的步骤：

1）单击工作台中的"实时数据库"窗口标签，进入实时数据库窗口页。

2）单击"新增对象"按钮，在窗口的数据对象列表中，增加新的数据对象，系统默认的名称为"Data1""Data2""Data3"等（多次单击该按钮，则可增加多个数据对象）。

3）选中对象，按"对象属性"按钮，或双击选中对象，则打开"数据对象属性设置"对话框。

4）将对象名称改为"运行状态"；对象类型选择"开关型"；单击"确认"。按照此步骤，根据上面列表，设置其他多个数据对象。

3．设备连接

为了能够使触摸屏和PLC通信连接上，须把定义好的数据对象和PLC内部变量进行连接，具体操作步骤如下：

1）在"设备窗口"中双击"设备窗口"选项卡。

2）单击工具条中的"工具箱"图标，打开"设备工具箱"。

3）在可选设备列表中，双击"通用串口父设备"，然后双击"三菱_FX系列编程口"，出现"通用串口父设备""三菱_FX系列编程口"，如图6-9所示。

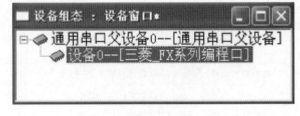

图6-9　设备窗口

4）双击"通用串口父设备"，进入通用串口父设备的基本属性设置中（如图6-10所示），按三菱_FX系列编程口的通信要求，作如下设置：串口端口号（1～255）设置为"0 – COM1"；通信波特率设置为"6 – 9600"；数据校验方式设置为"2 – 偶校验"；其他设置为默认。

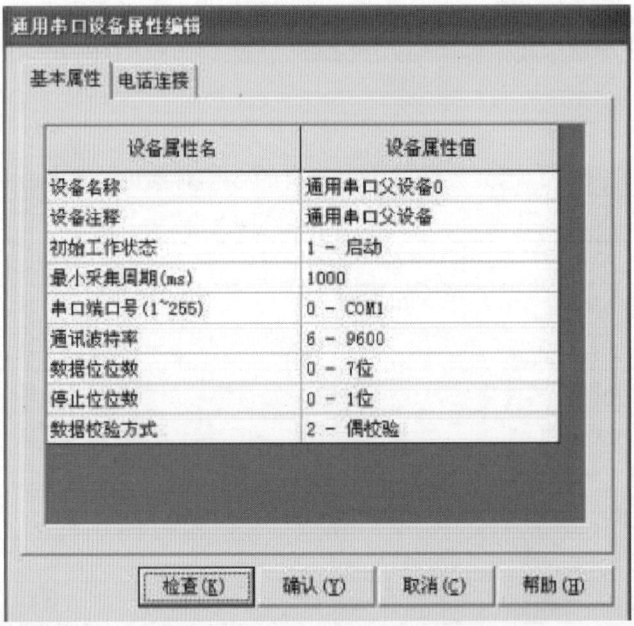

图6-10　通用串口父设备的基本属性设置

5）双击"三菱_FX系列编程口"，进入设备编辑对话框，如图6-11所示。左边窗口下方CPU类型选择2 – FX2N CPU。右窗口中"通道名称"默认为X000～X007，可以单击"删除全部通道"按钮将其删除。

6）接下来进行变量的连接，这里以"运行状态"变量为例说明。

①单击"增加设备通道"按钮，出现图6-12所示的对话框。

参数设置如下：通道类型为"X输入寄存器"；通道地址为"0"；通道个数为"1"；读写方式为"只读"。

②单击"确认"按钮，完成基本属性设置。

③双击"只读M000.0"通道对应的连接变量，从数据中心选择变量："运行状态"。用

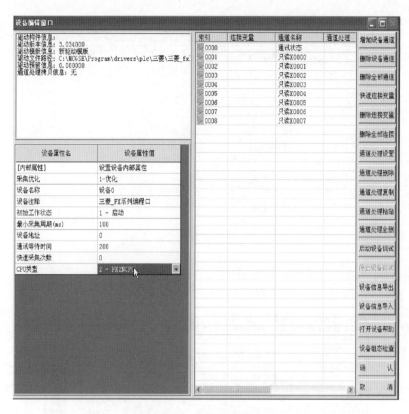

图 6-11　设备编辑窗口

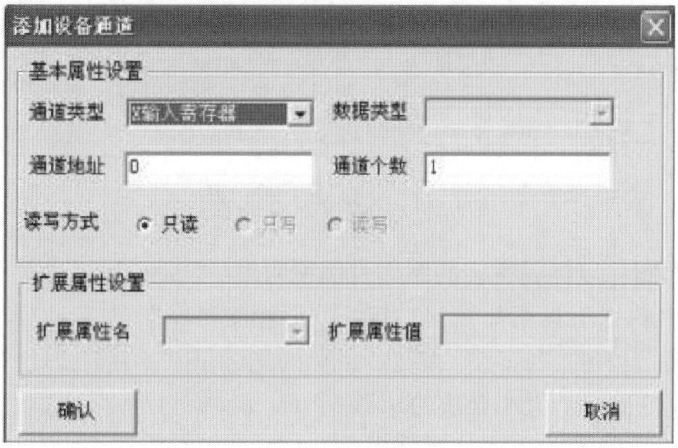

图 6-12　添加一个变量连接的界面

同样的方法，增加其他通道，连接变量，如图 6-13 所示，完成后单击"确认"按钮。

4. 画面和元件的制作

（1）新建画面以及属性设置

① 在"用户窗口"中单击"新建窗口"按钮，建立"窗口 0"。选中"窗口 0"，单击"窗口属性"，进入用户窗口属性设置。

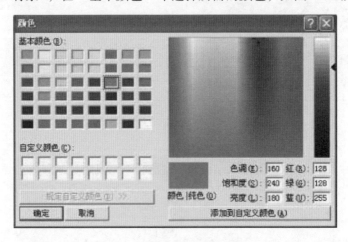

索引	连接变量	通道名称	通道处理
0000		通讯状态	
0001	运行状态	只读M0000	
0002	单机全线切换	读写M0001	
0003	启动按钮	只写M0002	
0004	停止按钮	只写M0003	
0005	清零累计	只写M0006	
0006	变频器频率给定	只写DWUB0000	
0007	白芯金属工…	只读DWUB0130	
0008	白芯塑料工…	只读DWUB0131	
0009	黑色芯体工…	只读DWUB0132	

图 6-13　连接变量的全部通道

② 将窗口名称改为：分拣画面；窗口标题改为：分拣画面。

③ 单击"窗口背景"，在"基本颜色"中选择所需的颜色，如图 6-14 所示。

图 6-14　选择窗口背景颜色

（2）制作文字框图：以标题文字的制作为例说明。

① 单击工具条中的"工具箱"按钮，打开"绘图工具箱"。

② 选择"工具箱"内的"标签"按钮，鼠标的光标呈"十字"形，在窗口顶端中心位置拖拽鼠标，根据需要拉出一个大小合适的矩形。

③ 在光标闪烁位置输入文字"分拣站界面"，按回车键或在窗口任意位置单击鼠标，文字输入完毕。

④ 选中文字框，作如下设置：单击工具条上的"填充色"按钮，设定文字框的背景颜色为"白色"；单击工具条上的"线色"按钮，设置文字框的边线颜色为"没有边线"；单击工具条上的"字符字体"按钮，设置文字字体为"华文细黑"，字形为"粗体"，字号为"二号"；单击工具条上的"字符颜色"按钮，将文字颜色设为"藏青色"。

⑤ 其他文字框的属性设置如下：背景颜色为"同画面背景颜色"；边线颜色为"没有边线"；文字字体为"华文细黑"；字形为"常规"；字号为"二号"。

（3）制作状态指示灯。以"单机/全线"指示灯为例：

① 单击"绘图工具箱"中的"插入元件"图标，弹出"对象元件库管理"对话框，选择"指示灯6"，按"确认"按钮。双击指示灯，弹出的对话框如图6-15所示。

图6-15　指示灯元件及其属性

② 在"数据对象"选项卡中，单击右角的"？"按钮，从数据中心选择"单机全线切换"变量。

③ 在"动画连接"选项卡中，单击"填充颜色"，右边出现，按＞钮，如图6-16所示。

图6-16　指示灯元件属性设置1

④ 单击＞按钮，出现图6-17所示的对话框。

⑤ 在"属性设置"选项卡中，填充颜色为"白色"。

⑥ 在"填充颜色"选项卡中，分段点 0 对应颜色为"白色"；分段点 1 对应颜色为"浅绿色"，如图 6-18 所示，单击"确认"按钮完成设置。

图 6-17　指示灯元件属性设置 2

图 6-18　指示灯元件属性设置 3

（4）制作切换旋钮。单击"绘图工具箱"中的"插入元件"图标，弹出"对象元件库管理"对话框，选择开关 6，按"确认"按钮。双击旋钮，弹出图 6-19 所示的对话框。在"数据对象"选项卡的"按钮输入"和"可见度"连接数据对象"单机全线切换"。

图 6-19　切换开关元件及其属性

（5）制作按钮。以启动按钮为例：

① 单击"绘图工具箱"中的"▱"图标，在窗口中拖出一个大小合适的按钮图标，双

击按钮图标，出现图6-20所示的对话框，属性设置如下：

② 在"基本属性"选项卡中，按钮无论是在抬起还是在按下状态，文本都设置为启动按钮；"抬起功能"属性为字体设置为"宋体"，字号设置为"五号"，背景颜色设置为"浅绿色"；"按下功能"字号设置为"小五号"，其他同抬起功能。

③ 在"操作属性"选项卡中，抬起功能：数据对象操作清零，启动按钮；按下功能：数据对象操作置"1"，启动按钮。

④ 其他为默认属性。单击"确认"按钮完成。

（6）数值输入框。

① 选中"工具箱"中的"输入框"图标，拖动鼠标，绘制1个输入框。

图6-20　标准按钮构件属性设置

② 双击输入框，进行属性设置。只需要设置操作属性：对应数据对象的名称设为"变频器频率给定"、使用单位为"Hz"、最小值为"40"、最大值为"50"、小数位数为"0"。设置结果如图6-21所示。

（7）数据的显示。可用标签构件的"显示输出"属性实现。下面以白色金属料累计数据显示为例说明。

① 选中"工具箱"中的"标签"图标，拖动鼠标，绘制1个显示框。

② 双击显示框，弹出对话框，在输入输出连接域中，选中"显示输出"选项，在组态属性设置窗口中则会出现"显示输出"标签，如图6-22所示。

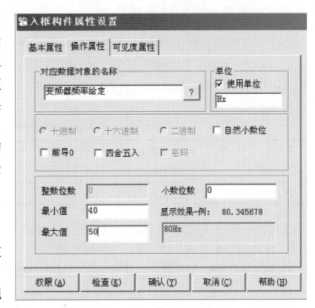

图6-21　数值输入框属性设置

③ 单击"显示输出"标签，设置显示输出属性。参数设置如下：表达式为"白色金属料累计"；单位为"个"；输出值类型为"数值量输出"；输出格式为"十进制"；整数位数为"0"；小数位数为"0"。

④ 单击"确认"，制作完毕。

（8）制作矩形框。单击"工具箱"中的"矩形"图标，在窗口的左上方拖出一个大小合适的矩形，双击"矩形"图标，出现图6-23所示的对话框。

图 6-22　标签构件的属性设置

图 6-23　矩形框属性设置

属性设置为：背景颜色设置为"没有填充"；边线颜色为"白色"；其他为默认属性。完成画面绘制，并检查无误后，即可下载工程。

6.4.2　变频器输出的模拟量控制

为了实现变频器输出频率连续调整的目的，分拣单元 PLC 连接了特殊功能模拟量模块 FX0N－3A。通过 D－A 变换实现变频器的模拟量输入以达到连续调速的目的，而系统的启/停则由外部端子来控制。因此在项目五的任务基础上，变频器的参数要作相应的调整，要调整的参数设置见表 6-3。

表 6-3　变频器参数设置

参数号	参数名称	默认值	设置值	设置值含义
Pr. 73	模拟量输入选择	1	0	0～10V
Pr. 79	运行模式选择	0	2	外部运行模式固定

需要进一步要说明的是 FX0N－3A 的主要性能、接线以及使用方法。

1. 特殊功能模块 FX0N－3A 的主要性能

FX0N－3A 是具有两路输入通道和一路输出通道，最大分辨率为 8 位的模拟量 I/O 模块，模拟量输入和输出信号均可以是电压或电流，具体选择哪一种取决于用户接线方式。FX0N－3A 输入通道主要性能见表 6-4，输出通道主要性能见表 6-5。

使用 FX0N－3A 时需注意的事项：

① 模块的电源来自 PLC 主单元的内部电路，其中模拟电路电源要求为 DC 24V ± 2. 4V、90mA，数字电路电源要求为 DC 5V、30mA。

② 模拟和数字电路之间用光电耦合器隔离，但模拟通道之间无隔离。

③ 在扩展母线上占用 8 个 I/O 点。

表6-4 FX0N-3A 输入通道主要性能

	电压输入	电流输入
模拟输入范围	在出厂时，已为 DC 0～10V 输入选择了 0～250 的范围 如果把 FX0N-3A 用于电流输入或非 0～10V 的电压输入，则需要重新调整偏置和增益 模块不允许两个通道有不同的输入特性	
	DC 0～10V，0～5V，输入电阻为 200kΩ 注意：输入电压低于 -0.5V、高于 +15V 可能损坏模块	4～20mA，输入电阻 250Ω 注意：输入电流低于 -2mA、高于 60mA 可能损坏模块
数字分辨率	8 位	
最小输入信号分辨率	40mV：0～10V/0～250 依据输入特性而变	64μA：4～20mA/0～250 依据输入特性而变
总精度	±0.1V	±0.16mA
处理时间	T0 指令处理时间 ×2 + FROM 指令处理时间	
输入特点		

表6-5 FX0N-3A 输出通道主要性能

	电压输出	电流输出
模拟输出范围	在出厂时，已为 DC 0～10V 输出选择了 0～250 的范围 如果把 FX0N-3A 用于电流输出或非 0～10V 的电压输出，则需要重新调整偏置和增益	
	DC 0～10V，0～5V，外部负载为：1kΩ～1MΩ	4～20mA，外部负载：500Ω 或更小
数字分辨率	8 位	
最小输出信号分辨率	40mV：0～10V/0～250 依据输出特性而变	64μA：4～20mA/0～250 依据输出特性而变
总精度	±0.1V	±0.16mA
处理时间	T0 指令处理时间 ×3	
输出特点		

2. 接线

模拟输入和输出的接线原理分别如图 6-24、图 6-25 所示。接线时要注意，使用电流输入时，端子［Vin］与［Iin］应短接。如果电压输入/输出方面出现较大的电压波动或有过多的电噪声，要在相应图中的位置并联一个约 25V、0.1 ~ 0.47μF 的电容。

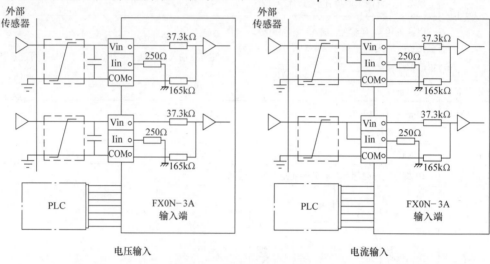

图 6-24 模拟输入接线

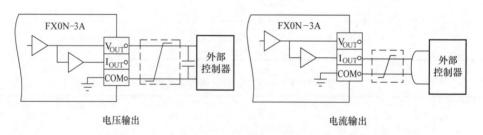

图 6-25 模拟输出接线

3. 编程与控制

可以使用特殊功能模块读指令 FROM（FNC78）和写指令 T0（FNC79）读写 FX0N－3A 模块实现模拟量的输入和输出。

FROM 指令用于从特殊功能模块缓冲存储器（BFM）中读入数据，如图 6-26a 所示。这条语句是将模块号为 $m1$ 的特殊功能模块内，从缓冲存储器（BFM）号为 $m2$ 开始的 n 个数据读入 PLC，并存放在从 D 开始的 n 个数据寄存器中。

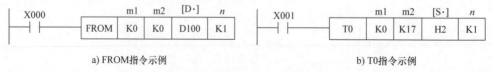

a) FROM指令示例   b) T0指令示例

图 6-26 特殊功能模块读和写指令

T0 指令用于从 PLC 向特殊功能模块缓冲存储器（BFM）中写数据，如图 6-26b 所示。这条语句是将 PLC 中从［S·］元件开始的 n 个字的数据，写到特殊功能模块 $m1$ 中编号为 $m2$

开始的缓冲存储器（BFM）中。

模块号是指从 PLC 最近的开始按 No.0→No.1→No.2→……顺序连接，模块号用于指定那个模块工作。

特殊功能模块是通过缓冲存储器（BFM）与 PLC 交换信息的，FX0N-3A 共有 32 个通道的 16 位缓冲寄存器（BFM），见表 6-6。

表 6-6　FX0N-3A 的缓冲寄存器（BFM）分配

通道号	b15-b8	b7	b6	b5	b4	b3	b2	b1	b0
#0	保留	当前输入通道的 A-D 转换值（以 8 位二进制数表示）							
#16		当前 D-A 输出通道的设置值							
#17							D-A 转换启动	A-D 转换启动	A-D 通道选择
#1~#15 #18~#31	保留								

其中#17 通道位的含义为：

b0=0，选择模拟输入通道 1；b0=1，选择模拟输入通道 2。

b1 从 0 到 1（即上升沿），A-D 转换启动。

b2 从 1 到 0（即下降沿），D-A 转换启动。

图 6-27 所示是实现 D-A 转换的示例程序，图 6-28 所示是实现 A-D 转换的示例程序。

例 1：写入模块号为 0 的 FX0N-3A 模块，D2 是其 D-A 转换值。

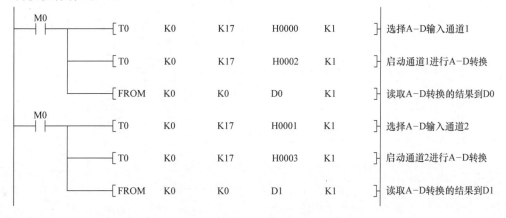

图 6-27　D-A 转换编程示例

例 2：读取模块号为 0 的 FX0N-3A 模块，其通道 1 的 A-D 转换值保存到 D0，通道 2 的 A-D 转换值保存到 D1。

图 6-28　A-D 转换编程示例

分拣站变频器速度调节部分的模拟量处理输出程序如图 6-29 所示。

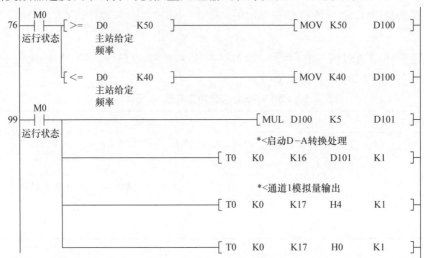

图 6-29　模拟量处理输出程序

4. 变频器模拟量输入的调试

（1）如果 FX0N - 3A 单元采用电压输出方式，在调试时，可能出现变频器的输出频率有较大波动的现象，这是空间电磁场干扰的结果。在调试时应注意：①FX0N - 3A 输出到变频器模拟输入端（端子 2、5）的连接线必须用屏蔽线，屏蔽层应连接到变频器端子 5 上。②连接线应远离变频器主电路接线。③若变频器输入的电压出现较大的电压波动，可在端子 2、5 之间并联一个约 25V、0.1 ~ 0.47μF 的电容。

（2）若 FX0N - 3A 单元采用电流输出方式馈送频率指令信号，变频器输出频率的波动将大大改善。但变频器模拟输入端需用端子 4、5，并激活 AU 端子，这时端子 4 输入 4 ~ 20mA。由于 FX0N - 3A 单元在出厂时设定为 DC 0 ~ 10V（数字量为 0 ~ 250）输出，需要重新调整偏置和增益。调整方法如下：

① 调整后的输出特性和校准电路接线分别如图 6-30a、b 所示。偏置校准和增益校准程序分别如图 6-31a、b 所示。

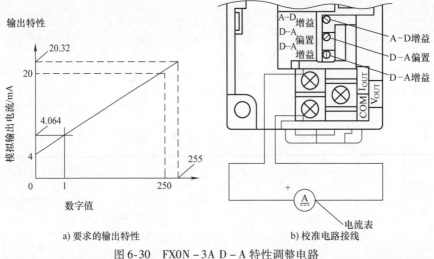

a) 要求的输出特性　　　　　　　　　b) 校准电路接线

图 6-30　FX0N - 3A D - A 特性调整电路

② 校准偏置：运行图 6-31a 的程序，确保 X00 为 ON，X01 为 OFF；调节 D – A 偏置电位器，直到毫安表显示的偏置电流值为 4.064mA。注意：顺时针旋转电位器，模拟输出信号增加，在最小设置值和最大设置值之间，电位器需转 18 转。

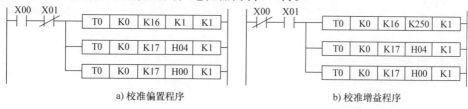

图 6-31 校准程序

③ 校准增益：运行图 6-31b 的程序，确保 X00 为 OFF，X01 为 ON；调节 D – A 增益电位器，直到毫安表显示的电流值为 20.000mA。

6.4.3 用人机界面控制时 PLC 程序的调试

用人机界面控制分拣单元运行时，人机界面与 PLC 之间的通信线占用了 FX 系列 PLC 的编程口，这给调试 PLC 控制程序带来了困难。为了能在 GX Developer 软件的在线监控状态下调试程序，应在调试阶段使个人计算机与 PLC 之间保持通信连接，而来自人机界面的主令信号，则用强制方式实现。操作方法是：在 PLC 与计算机已进行通信且显示为梯形图状态时，单击工具栏上的按钮，弹出图 6-29 所示的"软元件测试"框。即可对希望强制的软元件进行写入操作。

从图 6-32 下面的执行结果框可以看到，已经对 2 个软元件进行了写入操作，首先是对位软元件 M2，从前面人机界面组态可知，M2 连接变量为启动按钮。对 M2 先后置 ON 和置 OFF，相当于人机界面上执行一次"按下"再"抬起"启动按钮的操作效果，所产生的脉冲使系统启动。对字元件 D0 写入数据，相当于接收来自人机界面的变频器输出频率的指定信号。本工作任务来自人机界面的主令信号不多，调试是比较容易的。对于主令信号较多的情况，则应预先作好规划，再执行强制操作。

图 6-32 软元件测试框

6.5 情境小结

通过本学习情境的学习，掌握人机界面的概念及特点，人机界面的组态方法，能编写人机交互的组态程序，并进行安装、调试，掌握 FX 系列 PLC 特殊功能模拟量模块 FX0N – 3A

的主要性能、接线以及使用、编程方法，掌握用模拟量输入控制变频器频率的接线、参数设置。独立完成输送单元机电系统的安装与调试，独立查阅参考文献和解决问题。编写用人机界面控制分拣单元运行的程序，并解决调试与运行过程中出现的问题，能与团队合作，养成良好的职业素养。

6.6　情境自测

1. 人机界面站的基本功能有哪些？
2. TPC7062KS 人机界面有哪些接口？这些接口各自有何用途？
3. 触摸屏设备组态工作过程是什么？
4. 如果在人机界面运行过程中出现意外情况，应如何处理？
5. 思考人机界面控制系统各种可能出现的问题。

输送站的安装、调试与维护

7.1 情境导入

输送站是 YL-335B 型光机电一体化设备中最为重要同时也是承担任务最为繁重的工作站。该站主要完成的功能是：驱动它的抓取机械手精确定位到指定站的物料台，在物料台上抓取工件，把抓取到的工件输送到指定地点然后放下。

同时，该站在 PPI 网络系统中担任着主站的角色，它接收来自按钮/指示灯模块的系统主令信号，读取网络上各从站的状态信息，加以综合后，向各从站发送控制要求，协调整个系统的工作。图7-1 所示为 YL-335B 型光机电一体化设备输送站实物。

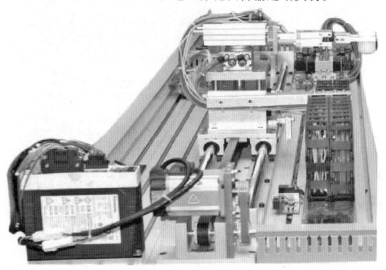

图 7-1 输送站实物

7.2 学习目标

1）掌握伺服电动机的特性及控制方法，伺服驱动器的基本原理及电气接线。能使用伺服驱动器进行伺服电动机的控制，会设置伺服驱动器的参数。

2）掌握 FX1N PLC 内置定位控制指令的使用和编程方法，能编写实现伺服电动机定位控制的 PLC 控制程序。

3）掌握输送单元直线运动组件的安装和调整、电气配线的敷设，能在规定时间内完成输送单元的安装和调整、进行程序设计和调试，并能解决安装与运行过程中出现的常见问题。

4）培养独立查阅参考文献和思考的能力。

5）培养正确使用工具、劳动防护用品、清扫车间等良好的职业素养。

7.3　知识衔接

7.3.1　认知输送单元的结构和工作过程

输送单元工艺功能是：驱动抓取机械手装置精确定位到指定单元的物料台，在物料台上抓取工件，把抓取到的工件输送到指定地点然后放下。

典型光机电一体化设备出厂配置时，输送单元在网络系统中担任着主站的角色，它接收来自触摸屏的系统主令信号，读取网络上各从站的状态信息，加以综合后，向各从站发送控制要求，协调整个系统的工作。

输送单元由抓取机械手、直线运动传动组件、拖链装置、PLC 模块和接线端口以及按钮/指示灯模块等部件组成。图 7-2 所示为安装在工作台面上的输送单元装置侧面。

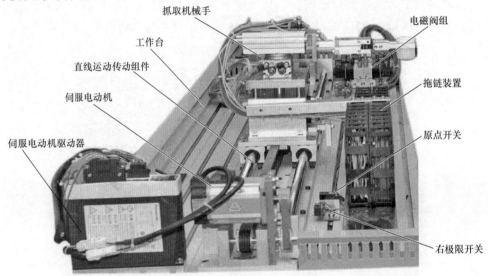

图 7-2　输送单元装置侧面

1. 抓取机械手

抓取机械手是一个能实现三自由度运动（即升降、伸缩、气动手指夹紧/松开和沿垂直轴旋转的四维运动）的工作单元，该装置整体安装在直线运动传动组件的滑动溜板上，在传动组件带动下整体做直线往复运动，定位到其他各工作单元的物料台，然后完成抓取和放下工件的动作。图 7-3 所示是该装置的实物。

具体构成如下：

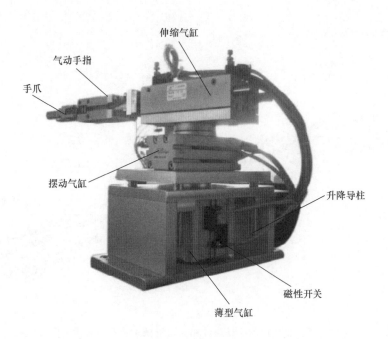

图 7-3　抓取机械手

① 气动手指：用于在各个工作站物料台上抓取/放下工件，由一个二位五通双向电控阀控制。

② 伸缩气缸：用于驱动手臂伸出缩回。由一个二位五通单向电控阀控制。

③ 回转气缸：用于驱动手臂正反向 90°旋转，由一个二位五通双向电控阀控制。

④ 提升气缸：用于驱动整个机械手提升与下降。由一个二位五通单向电控阀控制。

2. 直线运动传动组件

直线运动传动组件用以拖动抓取机械手装置做往复直线运动，完成精确定位的功能。图 7-4 所示为该组件的俯视图。

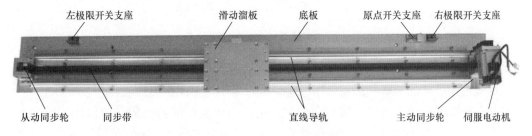

图 7-4　直线运动传动组件俯视图

图 7-5 所示为直线运动传动组件和抓取机械手装置组装示意图。

传动组件由直线导轨底板、伺服电动机及伺服放大器、同步轮、同步带、直线导轨、滑动溜板、拖链带、原点接近开关和左、右极限开关组成。

伺服电动机由伺服电动机放大器驱动，通过同步轮和同步带带动滑动溜板沿直线导轨做往复直线运动，从而带动固定在滑动溜板上的抓取机械手做往复直线运动。同步轮齿距为 5mm，共 12 个齿，即旋转一周搬运机械手位移 60mm。

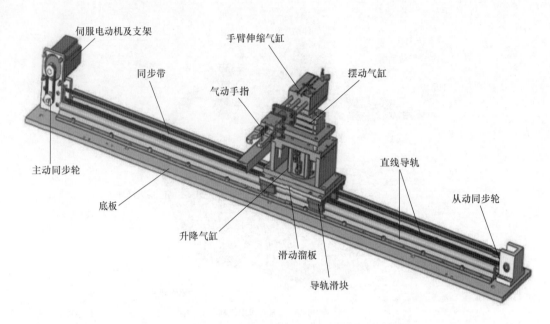

图 7-5　直线运动传动组件和抓取机械手装置组装示意图

抓取机械手上所有气管和导线沿拖链带敷设，进入线槽后分别连接到电磁阀组和接线端口上。原点接近开关和左、右极限开关安装在直线导轨底板上，图 7-6 所示为原点开关和右极限开关。

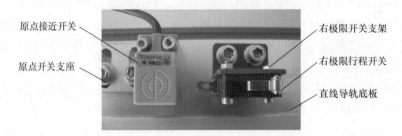

图 7-6　原点开关和右极限开关

原点接近开关是一个无触点的电感式接近传感器，用来提供直线运动的起始点信号。关于电感式接近传感器的工作原理及选用、安装注意事项请参阅学习情境 2。

左、右极限开关均是有触点的微动开关，用来提供越程故障时的保护信号：当滑动溜板在运动中越过左或右极限位置时，极限开关动作，从而向系统发出越程故障信号。

3. 气动控制回路

输送单元的抓取机械手上的所有气缸连接的气管沿拖链带敷设，插接到电磁阀组上，其气动控制回路原理如图 7-7 所示。

在气动控制回路中，驱动摆动气缸和气动手指气缸的电磁阀采用的是二位五通双电控电磁阀，电磁阀外形如图 7-8 所示。

双电控电磁阀与单电控电磁阀的区别在于，对于单电控电磁阀，在无电控信号时，阀芯在弹簧力的作用下被复位；而对于双电控电磁阀，在两端都无电控信号时，阀芯的位置取决

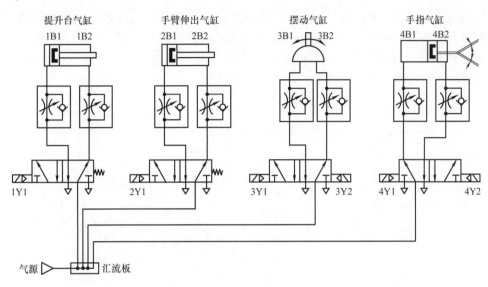

图 7-7 输送单元气动控制回路原理

于前一个电控信号。

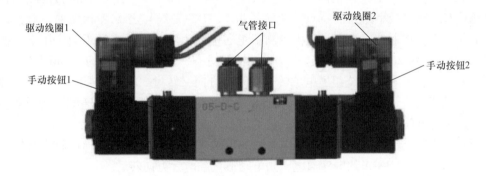

图 7-8 双电控电磁阀示意图

注意：双电控电磁阀的两个电控信号不能同时为"1"，即在控制过程中不允许两个线圈同时得电，否则，可能造成电磁线圈烧毁，当然，在这种情况下阀芯的位置是不确定的。

7.3.2 认知步进电动机及驱动器

在输送单元中，驱动抓取机械手装置沿直线导轨作往复运动的动力源，可以是步进电动机，也可以是伺服电动机，视实训的内容而定。变更实训项目时，由于所选用的步进电动机和伺服电动机，它们的安装孔大小及孔距相同，更换是十分容易的。

步进电动机和伺服电动机都是机电一体化技术的关键产品，分别介绍如下。

1. 步进电动机简介

步进电动机是将电脉冲信号转换为相应的角位移或直线位移的一种特殊执行电动机。每输入一个电脉冲信号，电动机就转动一个角度，它的运动形式是步进式的，所以称为步进电动机。

（1）步进电动机的工作原理。下面以一台最简单的三相磁阻式步进电动机为例简单介绍其工作原理。图 7-9 所示为一台三相磁阻式步进电动机的原理图。定子铁心为凸极式，共有三对（六个）磁极，每两个空间相对的磁极上绕有一相控制绕组。转子用软磁性材料制成，也是凸极结构，只有四个齿，齿宽等于定子的极宽。

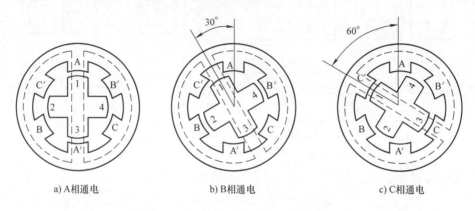

a) A相通电   b) B相通电   c) C相通电

图 7-9　三相磁阻式步进电动机的原理图

当 A 相控制绕组通电，其余两相均不通电，电动机内建立以定子 A 相极为轴线的磁场。由于磁通具有走磁阻最小路径的特点，使转子齿 1、3 的轴线与定子 A 相极轴线对齐，如图 7-9a所示。若 A 相控制绕组断电、B 相控制绕组通电时，转子在反应转矩的作用下，逆时针转过 30°，使转子齿 2、4 的轴线与定子 B 相极轴线对齐，即转子走了一步，如图 7-9b 所示。若在断开 B 相，使 C 相控制绕组通电，转子逆时针方向又转过 30°，使转子齿 1、3 的轴线与定子 C 相极轴线对齐，如图 7-9c 所示。如此按 A→B→C→A 的顺序轮流通电，转子就会一步一步地按逆时针方向转动。

转子的转速取决于各相控制绕组通电与断电的频率，旋转方向取决于控制绕组轮流通电的顺序。若按 A→C→B→A 的顺序通电，则电动机按顺时针方向转动。

上述通电方式称为三相单三拍，步距角为 30°。"三相"是指三相步进电动机；"单三拍"是指每次只有一相控制绕组通电；控制绕组每改变一次通电状态称为一拍，"三拍"是指改变三次通电状态为一个循环。把每一拍转子转过的角度称为步距角。显然，这个角度太大，不能付诸实用。

如果把控制绕组的通电方式改为 A→AB→B→BC→C→CA→A，即一相通电接着二相通电间隔地轮流进行，完成一个循环需要经过六次改变通电状态，称为三相单、双六拍通电方式。当 A、B 两相绕组同时通电时，转子齿的位置应同时考虑到两对定子极的作用，只有 A 相极和 B 相极对转子齿所产生的磁拉力相平衡的中间位置，才是转子的平衡位置。这样，单、双六拍通电方式下转子平衡位置增加了一倍，步距角为 15°。

进一步减少步距角的措施是采用定子磁极带有小齿、转子齿数很多的结构，分析表明，这种结构的步进电动机，其步距角可以做得很小。一般地说，实际的步进电动机产品，都采用这种方法实现步距角的细分。例如输送单元所选用的 Kinco 三相步进电动机 3S57Q－04056，它的步距角是在整步方式下为 1.8°，半步方式下为 0.9°。

除了步距角外，步进电动机还有例如保持转矩、阻尼转矩等技术参数，这些参数的物理意义请参阅有关步进电动机的专门资料。3S57Q－04056 部分技术参数见表7-1。

表 7-1   3S57Q－04056 部分技术参数

参数名称	步距角	相电流/A	保持转矩/N·m	阻尼转矩/N·m	电动机惯量/(kg·cm²)
参数值	1.8°	5.8	1.0	0.04	0.3

（2）步进电动机的使用。安装步进电动机，必须严格按照产品说明的要求进行。步进电动机是一种精密装置，安装时注意不要敲打它的轴端，更不要拆卸电动机。不同的步进电动机的接线有所不同，3S57Q－04056 的接线如图 7-10 所示，三个相绕组的六根引出线，必须按头尾相连的原则联结成三角形。改变绕组的通电顺序就能改变步进电动机的转动方向。

图 7-10   3S57Q－04056 的接线

2. 步进电动机的驱动装置

步进电动机需要专门的驱动装置（驱动器）供电，驱动器和步进电动机是一个有机的整体，步进电动机的运行性能是电动机及其驱动器二者配合所反映的综合效果。

一般来说，每一台步进电动机大都有其对应的驱动器，例如，Kinco 三相步进电动机 3S57Q－04056 与之配套的驱动器是 Kinco 3M458 三相步进电动机驱动器。图 7-11、图 7-12 所示分别是它的外观图和典型接线图。驱动器可采用直流 24～40V 电源供给。YL－335B 中，该电源由输送单元专用的开关稳压电源（DC 24V   8A）供给。输出电流和输入信号规格为：

① 输出相电流为 3.0～5.8A，输出相电流通过拨动开关设定；驱动器采用自然风冷的冷却方式。

② 控制信号输入电流为 6～20mA，控制信号的输入电路采用光耦隔离。输送单元 PLC 输出端使用的是 DC 24V 工作电源，所使用的限流电阻 R_1 为 2kΩ。

图 7-11   Kinco 3M458 外观

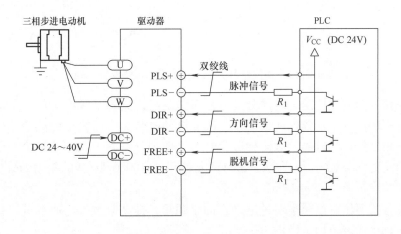

图 7-12   Kinco 3M458 的典型接线图

由图可见，步进电动机驱动器的功能是接收来自控制器（PLC）的一定数量的频率脉冲信号以及电动机旋转方向的信号，作为步进电动机输出三相功率的脉冲信号。

步进电动机驱动器包括脉冲分配器和脉冲放大器两部分，主要解决向步进电动机的各相绕组分配输出脉冲和功率放大两个问题。

脉冲分配器是一个数字逻辑单元，它接收来自控制器的脉冲信号和转向信号，把脉冲信号按一定的逻辑关系分配到每一相脉冲放大器上，使步进电动机按选定的运行方式工作。由于步进电动机各相绕组是按一定的通电顺序并不断循环来实现步进功能的，因此脉冲分配器也称为环形分配器。实现这种分配功能的方法有多种，例如，可以由双稳态触发器和门电路组成，也可由可编程序逻辑器件组成。

脉冲放大器是进行脉冲功率放大的。因为脉冲分配器能够输出的电流很小（毫安级），而步进电动机工作时需要的电流较大，因此需要进行功率放大。此外，输出的脉冲波形、幅度、波形前沿陡度等因素对步进电动机的运行性能有着重要的影响。3M458 驱动器采取如下一些措施，大大改善了步进电动机的运行性能。

内部驱动直流电压达 40V，能提供更好的高速性能。具有电动机静态锁紧状态下的自动半流功能，可大大降低电动机的发热量。而为调试方便，驱动器还有一对脱机信号输入线 FREE + 和 FREE −（见图 7-12），当这一信号为 ON 时，驱动器将断开输入到步进电动机的电源回路。YL - 335B 没有使用这一信号，目的是使步进电动机在通电后，即使在静止时也保持自动半流的锁紧状态。

3M458 驱动器采用交流伺服驱动原理，把直流电压通过脉宽调制技术变为三相阶梯式正弦波形电流，如图 7-13 所示。

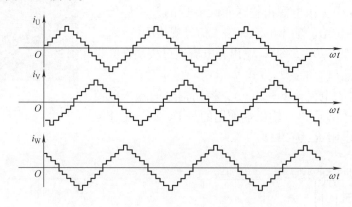

图 7-13　相位差 120°的三相阶梯式正弦波形电流

阶梯式正弦波形电流按固定时序分别流过三路绕组，其每个阶梯对应的是电动机转动一步。通过改变驱动器输出正弦电流的频率来改变电动机转速，而输出的阶梯数确定了每步转过的角度，当角度越小的时候，其阶梯数就越多，即细分数就越大，从理论上说此角度可以设得足够小，所以细分数可以是很大。3M458 最高可达 10000 步/转的驱动细分功能，细分可以通过拨动开关设定。

细分驱动方式不仅可以减小步进电动机的步距角，提高分辨率，而且可以减少或消除低频振动，使电动机运行更加平稳均匀。

在 3M458 驱动器的侧面连接端子中间有一个红色的八位 DIP 功能设定开关，可以用来设定驱动器的工作方式和工作参数，包括细分设置、静态电流设置和运行电流设置。图 7-14 所示为该 DIP 开关功能划分说明，表 7-2、表 7-3 分别为细分设置表和电流设定表。

DIP开关的正视图

开关序号	ON功能	OFF功能
DIP1～DIP3	细分设置用	细分设置用
DIP4	静态电流全流	静态电流半流
DIP5～DIP8	电流设置用	电流设置用

图 7-14　3M458 DIP 开关功能划分说明

表 7-2　细分设置表

DIP1	DIP2	DIP3	细分
ON	ON	ON	400 步/转
ON	ON	OFF	500 步/转
ON	OFF	ON	600 步/转
ON	OFF	OFF	1000 步/转
OFF	ON	ON	2000 步/转
OFF	ON	OFF	4000 步/转
OFF	OFF	ON	5000 步/转
OFF	OFF	OFF	10000 步/转

表 7-3　输出电流设定表

DIP5	DIP6	DIP7	DIP8	输出电流/A
OFF	OFF	OFF	OFF	3.0
OFF	OFF	OFF	ON	4.0
OFF	OFF	ON	ON	4.6
OFF	ON	ON	ON	5.2
ON	ON	ON	ON	5.8

步进电动机传动组件的基本技术数据如下：

3S57Q – 04056 步进电动机步距角为 1.8°，即在无细分的条件下 200 个脉冲电动机转一圈（通过驱动器设置细分精度最高可以达到 10000 个脉冲电动机转一圈）。

对于采用步进电动机作动力源的 YL – 335B 系统，出厂时驱动器细分设置为 10000 步/转。如前所述，直线运动组件的同步轮齿距为 5mm，共 12 个齿，旋转一周搬运机械手位移 60mm。即每步机械手位移 0.006mm；电动机驱动电流设为 5.2A；静态锁定方式为静态半流。

3. 使用步进电动机应注意的问题

控制步进电动机运行时，应注意考虑防止步进电动机运行中失步的问题。步进电动机失步包括丢步和越步。丢步时，转子前进的步数小于脉冲数；越步时，转子前进的步数多于脉冲数。丢步严重时，将使转子停留在一个位置上或围绕一个位置振动；越步严重时，设备将发生过冲。

使机械手装置返回原点的操作，可能会出现越步情况。当机械手回到原点时，原点开关动作，使指令输入 OFF。但如果到达原点前速度过高，惯性转矩将大于步进电动机的保持转矩而使步进电动机越步。因此回到原点的操作应确保足够低速为宜；当步进电动机驱动机械手高速运行时紧急停止，出现越步情况不可避免，因此急停复位后应采取先低速返回原点重新校准，再恢复原有操作的方法。注：所谓保持转矩是指电动机各相绕组通上额定电流，且处于静态锁定状态时，电动机所能输出的最大转矩，它是步进电动机最主要的参数之一。

由于电动机绕组本身是感性负载，输入频率越高，励磁电流就越小。频率高，磁通量变化加剧，涡流损失加大。因此，输入频率增高，输出转矩降低。最高工作频率的输出转矩只能达到低频转矩的 40% ~ 50%。进行高速定位控制时，如果指定频率过高，会出现丢步现象。

此外，如果机械部件调整不当，会使机械负载增大。步进电动机不能过负载运行，哪怕是瞬间，都会造成失步，严重时停转或不规则原地反复振动。

7.3.3　认知伺服电动机及伺服放大器

1. 永磁交流伺服系统概述

现代高性能的伺服系统，大多数采用永磁交流伺服系统，其中包括永磁同步交流伺服电动机和全数字交流永磁同步伺服驱动器两部分。

（1）交流伺服电动机的工作原理。伺服电动机内部的转子是永久磁铁，驱动器控制的 U/V/W 三相电形成电磁场，转子在此磁场的作用下转动，同时电动机自带的编码器反馈信号给驱动器，驱动器根据反馈值与目标值进行比较，调整转子转动的角度。伺服电动机的精度取决于编码器的精度（线数）。

伺服驱动器控制交流永磁伺服电动机（PMSM）时，可分别工作在电流（转矩）、速度、位置控制方式下。系统控制结构如图 7-15 所示。系统基于测量电动机的两相电流反馈 I_a、I_b 和电动机位置，将测得的相电流 I_a、I_b 结合位置信息，经坐标变化（从 a、b、c 坐标系转换到转子 d、q 坐标系），得到 I_d，I_q 分量，分别进入各自的电流调节器。电流调节器的输出经过反向坐标变化（从 d、q 坐标系转换到 a、b、c 坐标系），得到三相电压指令。控制芯片通过这三相电压指令，经过反向、延时后，得到 6 路 PWM 波输出到功率器件，控制电动机运行。

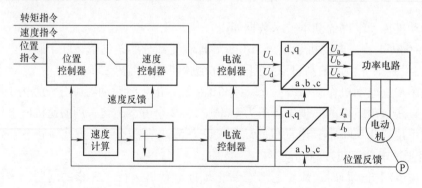

图 7-15　系统控制结构

伺服驱动器均采用数字信号处理器（DSP）作为控制核心，其优点是可以实现比较复杂的控制算法，实现数字化、网络化和智能化。功率器件多采用以智能功率模块（IPM）为核心设计的驱动电路，IPM 内部集成了驱动电路，同时具有过电压、过电流、过热、欠电压等故障检测保护电路，在主回路中还加入了软起动电路，以减小起动过程对驱动器的冲击。

智能功率模块（IPM）的主要拓扑结构采用了三相桥式电路，原理如图 7-16 所示。三相桥式电路利用了脉宽调制技术即 PWM（Pulse Width Modulation），通过改变功率晶体管交替导通的时间来改变逆变器输出波形的频率，改变每半周期内晶体管的通断时间比，也就是说通过改变脉冲宽度来改变逆变器输出电压幅值的大小以达到调节功率的目的。

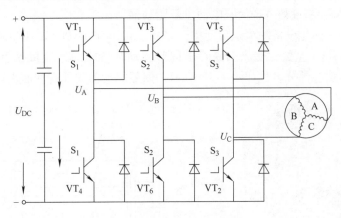

图 7-16　三相逆变电路

伺服系统用作定位控制时，位置指令输入到位置控制器，速度控制器输入端前面的电子开关切换到位置控制器输出端。同样，电流控制器输入端前面的电子开关切换到速度控制器输出端。因此，位置控制模式下的伺服系统是一个三闭环控制系统，两个内环分别是电流环和速度环。

由自动控制理论可知，这样的系统结构提高了系统的快速性、稳定性和抗干扰能力。在足够高的开环增益下，系统的稳态误差接近为零。这就是说，在稳态时，伺服电动机以指令脉冲和反馈脉冲近似相等时的速度运行。反之，在达到稳态前，系统将在偏差信号作用下驱动电动机加速或减速。若指令脉冲突然消失（例如紧急停车时，PLC 立即停止向伺服驱动器发出驱动脉冲），伺服电动机仍会运行到反馈脉冲数等于指令脉冲消失前的脉冲数才停止。

（2）位置控制模式下的电子齿轮。位置控制模式下，等效的单闭环系统框图如图 7-17所示。

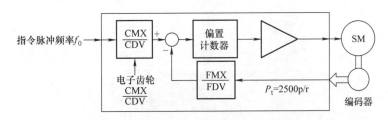

图 7-17　等效的单闭环位置控制系统框图

如图 7-17 所示，指令脉冲信号和电动机编码器反馈脉冲信号进入驱动器后，均通过电子齿轮变换后才进行偏差计算。电子齿轮实际是一个分－倍频器，合理搭配它们的分－倍频值，可以灵活地设置指令脉冲的行程。

例如典型光机电一体化设备所使用的松下 MINASA4 系列 AC 伺服电动机及驱动器，电动机编码器反馈脉冲为 2500p/r。缺省情况下，驱动器反馈脉冲电子齿轮分－倍频值为 4 倍频。如果希望指令脉冲为 6000p/r，那么就应把指令脉冲电子齿轮的分－倍频值设置为 10000/6000。从而实现 PLC 每输出 6000 个脉冲，伺服电动机旋转一周，驱动机械手恰好移动 60mm 的整数倍关系。

2. 松下 MINAS A4 系列 AC 伺服电动机及驱动器

在典型光机电一体化设备的输送单元中，采用了松下 MHMD022P1U 永磁同步交流伺服电动机及 MADDT1207003 全数字交流永磁同步伺服驱动装置作为运输机械手的运动控制装置。该伺服电动机外观及各部分名称如图 7-18 所示，伺服驱动器的外观和面板如图 7-19 所示。

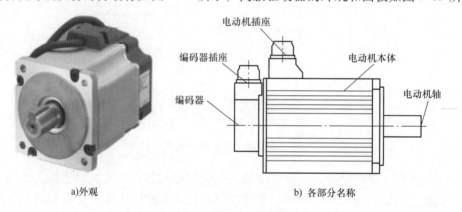

a)外观   b) 各部分名称

图 7-18　伺服电动机结构

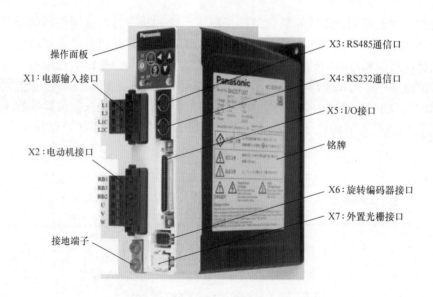

图 7-19　伺服驱动器的外观及面板

MHMD022P1U 的名称含义：MHMD 表示电动机类型为大惯量；02 表示电动机的额定功率为 200W；2 表示电压规格为 200V；PIU 表示编码器为增量式编码器，脉冲数为 2500p/r，分辨率为 10000p/r，输出信号线数为 5 根线。

MADDT1207003 的名称含义：MADD 表示松下 A4 系列 A 型驱动器，T1 表示最大瞬时输出电流为 10A，2 表示电源电压规格为单相 200V，07 表示电流监测器额定电流为 7.5A，003 表示脉冲控制专用。

下面着重介绍该伺服驱动器的接线和参数设置与调整。

（1）接线。伺服驱动器电气接线采用简化接线方式，如图 7-20 所示。MADDT1207003 伺服驱动器面板上有多个接线端口，其中：

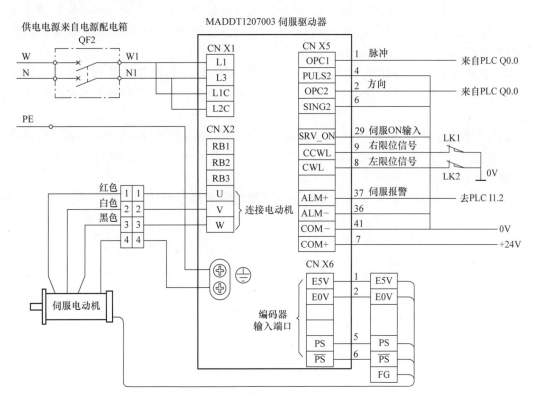

图 7-20 伺服驱动器电气接线图

X1：电源输入接口，AC 220V 电源连接到 L1、L3 主电源端子，同时连接到控制电源端子 L1C、L2C 上。

X2：电动机接口和外置再生放电电阻器接口。U、V、W 端子用于连接电动机。必须注意，电源电压务必按照驱动器铭牌上的指示，电动机接线端子（U、V、W）不可以接地或短路，交流伺服电动机的旋转方向不像感应电动机那样可以通过交换三相相序来改变，必须保证驱动器上的 U、V、W、E 接线端子与电动机主回路接线端子按规定的次序一一对应，否则可能造成驱动器损坏。电动机的接线端子和驱动器的接地端子以及滤波器的接地端子必须保证可靠地连接到同一个接地点上。机身也必须接地。RB1、RB2、RB3 端子是外接放电电阻，MADDT1207003 的规格为 100Ω/10W，典型光机电一体化设备没有使用外接放电电阻。

X6：连接到电动机编码器信号接口，连接电缆应选用带有屏蔽层的双绞电缆，屏蔽层应接到电动机侧的接地端子上，并且应确保将编码器电缆屏蔽层连接到插头的外壳（FG）上。

X5：I/O 控制信号端口，其部分引脚信号定义与选择的控制模式有关，不同模式下的接线请参考《松下 A 系列伺服电动机手册》。典型光机电一体化设备输送单元中，伺服电动机用于定位控制，选用位置控制模式。

（2）伺服驱动器的参数设置与调整。松下的伺服驱动器有七种控制运行方式，即位置控制、速度控制、转矩控制、位置/速度控制、位置/转矩、速度/转矩、全闭环控制。位置控制方式就是输入脉冲串来使电动机定位运行，电动机转速与脉冲串频率相关，电动机转动的角度与脉冲个数相关；速度控制方式有两种，一是通过输入直流 − 10 ~ 10V 指令电压调速，二是选用驱动器内设置的内部速度来调速；转矩控制方式是通过输入直流 − 10 ~ 10V 指令电压调节电动机的输出转矩，这种方式下运行必须要进行速度限制，有如下两种方法：①设置驱动器内的参数来限制；②输入模拟量电压限速。

（3）参数设置方式操作说明。MADDT1207003 伺服驱动器的参数共有 128 个，Pr00 ~ Pr7F，可以通过与 PC 连接后在专门的调试软件上进行设置，也可以在驱动器的面板上进行设置。

在 PC 上安装驱动器参数设置软件 Panaterm 后，通过与伺服驱动器建立起通信，就可将伺服驱动器的参数状态读出来，然后进行修改或设置，再写入驱动器，使用十分方便，如图 7-21 所示。

当现场条件不允许或修改少量参数时，也可通过驱动器上操作面板来完成。操作面板如图 7-22 所示。各个按钮的说明见表 7-4。

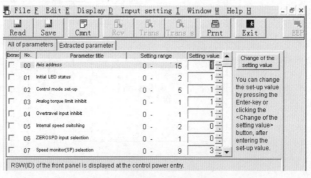

图 7-21　驱动器参数设置软件 Panaterm

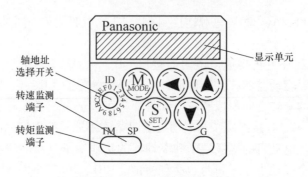

图 7-22　驱动器参数设置面板

表 7-4　伺服驱动器面板按钮的说明

按键说明	激活条件	功能
M MODE	在模式显示时有效	在以下5种模式之间切换： 监视器模式、参数设置模式、EEPROM 写入模式、自动调整模式、辅助功能模式
S SET	一直有效	用来在模式显示和执行显示之间切换
▲ ▼	仅对小数点闪烁的那一位数据位有效	改变各模式里的显示内容、更改参数、选择参数或执行选中的操作
◄		把移动的小数点移动到更高位数

面板操作说明：

① 参数设置，先按"S"键，再按"M"键选择到"Pr00"后，按向上、向下或向左的方向键选择通用参数的项目，按"S"键进入。然后按向上、向下或向左的方向键调整参数，调整完成后，按"S"键返回。选择其他项再调整。

② 参数保存，按"M"键选择到"EE-SET"后按"S"键确认，出现"EEP-"，然后按向上键3s，出现"FINISH"或"reset"，然后重新通电即保存。

③ 手动"JOG"运行，按"M"键选择到"AF-ACL"，然后按向上、向下键选择到"AF-JOG"按"S"键一次，显示"JOG-"，然后按向上键3s显示"ready"，再按向左键3s出现"sur-on"锁紧轴，按向上、向下键，单击正反转。注意先将"S-ON"断开。

（4）部分参数说明。在典型光机电一体化设备上，伺服驱动装置工作于位置控制模式，FX1N-40MT 的 Y000 输出脉冲作为伺服驱动器的位置指令，脉冲的数量决定了伺服电动机的旋转位移，即机械手的直线位移，脉冲的频率决定了伺服电动机的旋转速度，即机械手的运动速度，输出点 Y002 作为伺服驱动器的方向指令。对于控制要求较为简单，伺服驱动器可采用自动增益调整模式。根据上述要求，伺服驱动器参数设置见表 7-5。

表 7-5　伺服驱动器参数设置

序号	参数		设置数值	功能和含义
	参数编号	参数名称		
1	Pr. 01	LED 初始状态	1	显示电动机转速
2	Pr. 02	控制模式	0	位置控制（相关代码 P）
3	Pr. 04	行程限位禁止输入无效设置	2	当左或右限位动作，则会发生 Err38 行程限位禁止输入信号出错报警。设置此参数值必须在控制电源断电重启之后才能修改、写入成功
4	Pr. 20	惯量比	1678	该值自动调整得到，具体请参 AC

（续）

序号	参数		设置数值	功能和含义
	参数编号	参数名称		
5	Pr. 21	实时自动增益设置	1	实时自动调整为常规模式，运行时负载惯量的变化很小
6	Pr. 22	实时自动增益的机械刚性选择	1	此参数值设得越大，响应越快
7	Pr. 41	指令脉冲旋转方向设置	1	指令脉冲 + 指令方向。设置此参数值必须在控制电源断电重启之后才能修改、写入成功
8	Pr. 42	指令脉冲输入方式	3	指令脉冲 + 指令方向 PULS SIGN L低电平 H高电平
9	Pr. 48	指令脉冲分倍频第 1 分子	10000	每转所需指令脉冲数 = 编码器分辨率 × $\dfrac{Pr. 4B}{Pr. 48 \times 2^{Pr. 4A}}$
10	Pr. 49	指令脉冲分倍频第 2 分子	0	现编码器分辨率为 10000（2500p/r × 4），参数设置见本表，则，
11	Pr. 4A	指令脉冲分倍频分子倍率	0	每转所需指令脉冲数 = $10000 \times \dfrac{Pr. 4B}{Pr. 48 \times 2^{Pr. 4A}} = 10000$
12	Pr. 4B	指令脉冲分倍频分母	6000	$\times \dfrac{6000}{10000 \times 2^0} = 6000$

注：其他参数的说明及设置请参看松下 Ninas A4 系列伺服电动机、驱动器使用说明书。

7.3.4 FX1N 系列 PLC 的脉冲输出功能及位控编程

晶体管输出的 FX1N 系列 PLC CPU 单元支持高速脉冲输出功能，但仅限于 Y000 和 Y001 点。输出脉冲的频率最高可达 100kHz。

使用脉冲输出指令 FNC57（PLSY）和带加减速的脉冲输出指令 FNC59（PLSR）就可以实现对输送单元伺服电动机（或步进电机动）的控制。但 PLSY 和 PLSR 两指令均未考虑旋转方向，为了使电动机实现正反转，必须另外指定方向输出，并且，两指令仅用特殊寄存器（Y000：[D8141, D8140]，Y001：[D8143, D8142]）保存输出的脉冲总数，不能反映当前的位置信息。因此它们并不具备真正的定位控制功能。

对输送单元伺服电动机的控制主要是定位控制。可以使用 FX1N 的简易定位控制指令实现。简易定位控制指令包括原点回归指令 FNC156（ZRN）、相对位置控制指令 FNC158（DR-VI）、绝对位置控制指令 FNC159（DRVA）和可变速脉冲输出指令 FNC157（PLSV）。

1. 原点回归指令 FNC156（ZRN）

原点回归指令主要用于通电时和初始运行时，搜索和记录原点位置信息。该指令要求提供一个近原点的信号，原点回归动作须从近点信号的前端开始，以指定的原点回归速度开始移动；当近点信号由 OFF 变为 ON 时，减速至爬行速度；最后，当近点信号由 ON 变为 OFF 时，在停止脉冲输出的同时，使当前值寄存器（Y000：[D8141, D8140]，Y001：[D8143, D8142]）清零。动作过程示意如图 7-23 所示。

由此可见，原点回归指令要求提供 3 个源操作数和 1 个目标操作数，源操作数为：①原

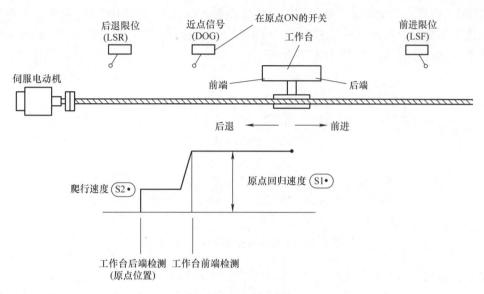

图 7-23　原点归零示意

点回归开始的速度，②爬行速度，③指定近点信号输入。目标操作数为指定脉冲输出的 Y 编号（仅限于 Y000 或 Y001）。原点回归指令格式如图 7-24 所示。

图 7-24　ZRN 的指令格式

使用原点回归指令编程时应注意：

1）回归动作必须从近点信号的前端开始，因此当前值寄存器（Y000：［D8141，D8140］，Y001：［D8143，D8142］）数值将向减少方向动作。

2）原点回归速度，对于 16 位指令，这一源操作数的范围为 10～32767Hz，对于 32 位指令，范围为 10～100kHz。

3）近点输入信号宜指定输入继电器（X），否则会受到可编程序控制器运算周期的影响，引起原点位置的偏移增大。

4）在原点回归过程中，指令驱动接点变 OFF 状态时，将不减速而停止。并且在"脉冲输出中"标志（Y000：M8147，Y001：M8148）处于 ON 时，将不接受指令的再次驱动。仅当回归过程完成，执行完成标志（M8029）动作的同时，脉冲输出中标志才变为 OFF。

5）安装典型光机电一体化设备时，通常把原点开关的中间位置设定为原点位置，并且恰好与供料单元出料台中心线重合。使用原点回归指令使抓取机械手返回原点时，按上述动作过程，机械手应该在原点开关动作的下降沿停止，显然这时机械手并不在原点位置上，因此，原点回归指令执行完成后，应该再用下面所述的相对或绝对位置控制指令，驱动机械手向前低速移动一小段距离，才能真正到达原点。

2. 相对位置控制和绝对位置控制指令

进行定位控制时，可以用两种方式指定目标位置。一是指定当前位置到目标位置的位移量（以带符号的脉冲数表示），另一种是直接指定目标位置对于原点的坐标值（以带符号的脉冲数表示）。前者为相对驱动方式，用相对位置控制指令 FNC158（DRVI）实现；后者为绝对驱动方式，用绝对位置控制指令 FNC159（DRVA）实现。相对位置控制指令和绝对位置控制指令的指令格式分别如图 7-25 和图 7-26 所示。

图 7-25　DRVI 的指令格式

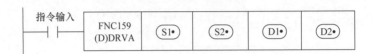

图 7-26　绝对位置控制指令的指令格式

可见，这两个指令均须提供 2 个源操作数和 2 个目标操作数。

（1）源操作数。给出目标位置信息，但对于相对位置控制指令方式和绝对位置控制指令方式则有不同含义。对于相对位置控制指令，此操作数指定从当前位置到目标位置所需输出的脉冲数（带符号的脉冲数）；对于绝对位置控制指令，此操作数指定目标位置对于原点的坐标值（带符号的脉冲数），执行指令时，输出的脉冲数是输出目标设定值与当前值之差。对于 16 位指令，此操作数的范围为 −32768 ~ 32767，对于 32 位指令，范围为 −999999 ~ 999999。

（2）源操作数和目标操作数。源操作数和目标操作数，对于两个指令，均有相同的含义。指定输出脉冲频率，对于 16 位指令，操作数的范围为 10 ~ 32767Hz，对于 32 位指令，范围为 10 ~ 100kHz。

指定脉冲输出地址，指令仅能用于 Y000、Y001。指定旋转方向信号输出地址。当输出的脉冲数为正时，此输出为 ON，而当输出的脉冲数为负时，此输出为 OFF。使用这两个指令编程时应注意：

① 指令执行过程中，Y000 输出的当前值寄存器为［D8141（高位），D8140（低位）］（32 位）；Y001 输出的当前值寄存器为［D8143（高位），D8142（低位）］（32 位）。对于相对位置控制，当前值寄存器存放的是增量方式的输出脉冲数；对于绝对位置控制，当前值寄存器存放的是当前绝对位置。当正转时，当前值寄存器的数值增加；反转时，当前值寄存器的数值减小。

② 在指令执行过程中，即使改变操作数的内容，也无法在当前运行中表现出来。只在下一次指令执行时才有效。

③ 若在指令执行过程中，指令驱动接点变为 OFF 时，将减速停止。此时执行完成标志 M8029 不动作。指令驱动接点变为 OFF 后，在脉冲输出中标志 Y000：［M8147］、Y001：［M8148］处于 ON 时，将不接受再次驱动的指令。

④ 执行 DRVI 或 DRVA 指令时，需要如下一些基本参数信息，并在 PLC 通电时（M8002ON）写入相应的特殊寄存器中。指令执行时的最高速度，指定的输出脉冲频率必须小于该最高速度，设定范围为 10 ~ 100kHz，存放于［D8147，D8146］中。指令执行时的基底速度，存放于［D8145］中，设定范围为最高速度（D8147，D8146）的 1/10 以下，超过该范围

时，自动降为最高速度的 1/10 数值运行。指令执行时的加减速时间表示到达最高速度（D8147，D8146）所需时间。因此，当输出脉冲频率低于最高速度时，实际加减速时间会缩短。设定范围：50～5000ms。

⑤ 在编程 DRVI 或指令 DRVA 时须注意各操作数的相互配合：加减速时的变速级数固定在 10 级，故一次变速量是最高频率的 1/10。在驱动步进电动机的情况下，设定最高频率时应考虑在步进电动机不失步的范围内。加减速时间不小于 PLC 的扫描时间最大值（D8012 值）的 10 倍，否则加减速各级时间不均等。

3. 可变速脉冲输出指令 FNC157（PLSV）

它是一个附带旋转方向的可变速脉冲输出指令。执行这一指令，即使在脉冲输出状态中，仍然能够自由改变输出脉冲频率。指令格式示例如图 7-27 所示。

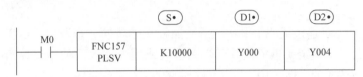

图 7-27　可变速脉冲输出指令的指令格式

如图 7-27 所示，源操作数指定输出脉冲频率，对于 16 位指令，操作数的范围为 1～32767Hz，－1～－32767Hz；对于 32 位指令，范围为 1～100kHz，－100～－1kHz。目标操作数指定脉冲输出地址，仅能用于 Y000、Y001。

目标操作数指定旋转方向信号输出地址，当为正值时输出为 ON。使用 PLSV 指令须注意：

① 在起动/停止时不执行加减速，若有必要进行缓冲开始/停止时，可利用 FNC67（RAMP）等指令改变输出脉冲频率的数值。

② 指令驱动接点变为 OFF 后，在脉冲输出中标志（Y000：[M8147]、Y001：[M8148]）处于 ON 时，将不接受再次驱动的指令。

4. 与脉冲输出功能有关的主要特殊内部存储器

[D8141，D8140] 输出至 Y000 的脉冲总数；[D8143，D8142] 输出至 Y001 的脉冲总数；[D8136，D8137] 输出至 Y000 和 Y001 的脉冲总数；[M8145] Y000 脉冲输出停止指令（立即停止）；[M8146] Y001 脉冲输出停止指令（立即停止）；[M8147] Y000 脉冲输出中监控；[M8148] Y001 脉冲输出中监控；各个数据寄存器内容可以利用"（D）MOV K0 D81□□"执行清除。

7.4　情境实施

7.4.1　输送单元的安装技能训练

1. 训练目标

将输送单元的机械部分拆成组件或零件的形式，然后再组装成原样。要求着重掌握机械设备的安装、运动可靠性的调整以及电气配线的敷设方法与技巧。

学习情境 7　输送站的安装、调试与维护

2. 机械部分的安装步骤和方法

为了提高安装的速度和准确性，对本单元的安装同样遵循先组成组件，再进行总装的原则。

（1）组装直线运动组件的步骤

① 在底板上装配直线导轨。输送单元直线导轨是一对长度较长的精密机械运动部件，安装时应首先调整好两导轨的相互位置（间距和平行度），然后紧定其固定螺栓。

由于每导轨固定螺栓达 18 个，紧定时必须按一定的顺序逐步进行，使其运动平稳、受力均匀、运动噪声小。

② 装配滑动溜板、四个滑块组件：将滑动溜板与两直线导轨上的四个滑块的位置找准并进行固定，在拧紧固定螺栓的时候，应一边推动滑动溜板左右运动一边拧紧螺栓，直到滑动顺畅为止。

③ 连接同步带：将连接了四个滑块的滑动溜板从导轨的一端取出。由于用于滚动的钢球嵌在滑块的橡胶套内，一定要避免橡胶套受到破坏或用力太大致使钢球掉落。将两个同步带固定座安装在滑动溜板的反面，用于固定同步带的两端。

接下来分别将调整端同步轮安装支架组件、电动机侧同步轮安装支架组件上的同步轮，套入同步带的两端，在此过程中应注意电动机侧同步轮安装支架组件的安装方向、两组件的相对位置，并将同步带两端分别固定在各自的同步带固定座内，同时也要注意保持连接安装好后的同步带平顺一致。完成以上安装任务后，再将滑块套在柱形导轨上，套入时，一定不能损坏滑块内的滑动滚珠以及滚珠的保持架。

④ 同步轮安装支架组件的装配：先将电动机侧同步轮安装支架组件用螺栓固定在导轨安装底板上，再将调整端同步轮安装支架组件与底板连接，然后调整好同步带的张紧度，锁紧螺栓。

⑤ 伺服电动机的安装：将电动机安装板固定在电动机侧同步轮支架组件的相应位置，将电动机与电动机安装板连接为活动连接，并在主动轴、电动机轴上分别套接同步轮，安装好同步带，调整电动机位置，锁紧连接螺栓。最后安装左右限位以及原点传感器支架。

注意：伺服电动机或步进电动机都是一种精密装置，安装时注意不要敲打它的轴端，更不要拆卸电动机。

另外，在以上各构成零件中，轴承以及轴承座均为精密机械零部件，拆卸以及组装时需要较熟练的技能和专用工具，因此，不可轻易对其进行拆卸或修配工作。图 7-5 已展示了完成装配的直线运动组件，这里不再叙述。

（2）组装机械手装置。装配步骤如下：

① 提升机构的组装如图 7-28 所示。

② 把气动摆台固定在组装好的提升机构上，然后在气动摆台上固定导杆气缸安装板，安装时注意要先找好导杆气缸安装板与气动摆台连接的原始位置，以便有足够的回转角度。

③ 连接气动手指和导杆气缸，然后把导杆气缸固定到导杆气缸安装板上。

图 7-28　提升机构的组装

（3）固定抓取机械手装置。把抓取机械手装置固定到直线运动组件的滑动溜板上，如图 7-29 所示。

（4）检查和调整。检查摆台上的导杆气缸、气动手指组件的回转位置是否满足在其余各工作站上抓取和放下工件的要求，进行适当的调整。

3. 气路连接和电气配线敷设

当抓取机械手装置做往复运动时，连接到机械手装置上的气管和电气连接线也随之运动。确保这些气管和电气连接线运动顺畅，不至在移动过程中拉伤或脱落是安装过程中重要的一环。连接到机械手装置上的气管和电气连接线通过拖链带引出到固定在工作台上的电磁阀组和接线端口上。

图 7-29　装配完成的抓取机械手装置

连接到机械手装置上的管线首先绑扎在拖链带安装支架上，然后沿拖链带敷设，进入管线槽中。绑扎管线时要注意管线引出端到绑扎处保持足够长度，以免机构运动时被拉紧造成脱落。沿拖链带敷设时应注意管线间不要相互交叉。装配完成的输送单元装配侧如图 7-30 所示。

电磁阀组　从动同步轮　拖链带　直线导轨　同步带　抓取机械手装置　伺服电动机及同步轮机构

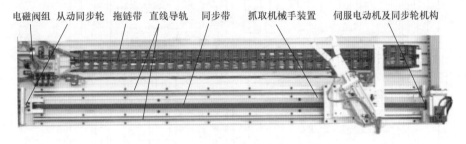

图 7-30　装配完成的输送单元装配侧

7.4.2　输送单元的 PLC 控制实训

1. 工作任务

输送单元单机运行的目标是测试设备传送工件的功能，驱动设备可为步进电动机或伺服电动机。进行测试时要求其他各工作单元已经就位，并且在供料单元的出料台上放置了工件，如图 7-31 所示。

具体测试要求如下：

1）输送单元在通电后，按下复位按钮 SB1，执行复位操作，使抓取机械手装置回到原点位置。在复位过程中，"正常工作"指示灯 HL1 以 1Hz 的频率闪烁。当机械手装置回到原点位置，且输送单元各个气缸满足初始位置的要求时，则复位完成，"正常工作"指示灯 HL1 常亮。按下起动按钮 SB2，设备起动，"设备运行"指示灯 HL2 也常亮，开始进入功能测试过程。

2）正常功能测试：

① 抓取机械手装置从供料站出料台抓取工件，抓取的顺序是：手臂伸出→手爪夹紧抓取工件→提升台上升→手臂缩回。

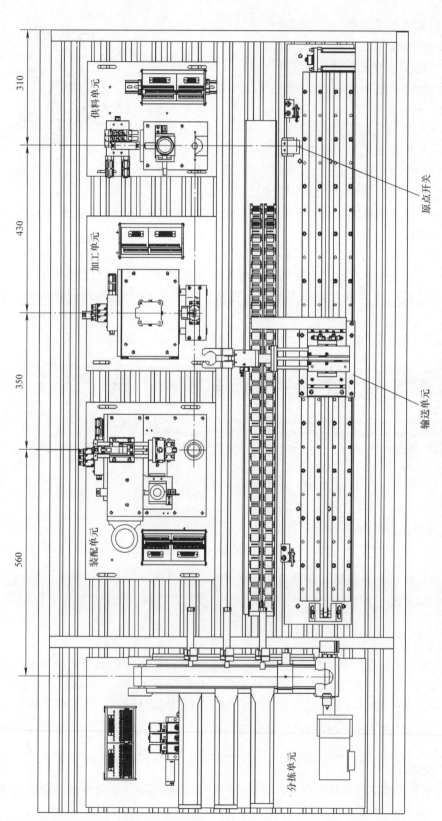

图 7-31　YL-335B 型光机电一体化设备俯视图

② 抓取动作完成后，机械手装置向加工站移动，移动速度不小于 300mm/s。

③ 机械手装置移动到加工站物料台的正前方后，即把工件放到加工站物料台上。机械手装置在加工站放下工件的顺序是：手臂伸出→提升台下降→手爪松开放下工件→手臂缩回。

④ 放下工件动作完成 2s 后，机械手装置执行抓取加工站工件的操作。抓取的顺序与供料站抓取工件的顺序相同。

⑤ 抓取动作完成后，机械手装置移动到装配站物料台的正前方，然后把工件放到装配站物料台上。其动作顺序与加工站放下工件的顺序相同。

⑥ 放下工件动作完成 2s 后，机械手装置执行抓取装配站工件的操作。抓取的顺序与供料站抓取工件的顺序相同。

⑦ 机械手手臂缩回后，摆台逆时针旋转 90°，机械手装置从装配站向分拣站运送工件，到达分拣站传送带上方入料口后把工件放下，动作顺序与加工站放下工件的顺序相同。

⑧ 放下工件动作完成后，机械手手臂缩回，然后执行以 400mm/s 的速度返回原点的操作。返回 900mm 后，摆台顺时针旋转 90°，然后以 100mm/s 的速度低速返回原点停止。当机械手装置返回原点后，一个测试周期结束。当供料单元的出料台上放置了工件时，再按一次按下起动按钮 SB2，开始新一轮的测试。

3）非正常运行的功能测试：若在工作过程中按下急停按钮 QS，则系统立即停止运行。在急停复位后，应从急停前的断点开始继续运行。

对于使用步进电动机驱动的系统，若急停按钮按下时，机械手装置正在向某一目标点移动，则急停复位后机械手装置应首先返回原点位置，然后再向原目标点运动。在急停状态，绿色指示灯 HL2 以 1Hz 的频率闪烁，直到急停复位后恢复正常运行时，HL2 恢复常亮。

2. PLC 的选型和 I/O 接线

上面给出的工作任务，可使用步进电动机或伺服电动机实现驱动。这里需要指出的是，由于有紧急停止的要求，两者的控制过程是不同的。使用步进电动机驱动，若急停按钮按下时，机械手装置正在向某一目标点移动，紧急停止将使步进电动机越步，当前位置信息将丢失，因此急停复位后应采取先返回原点重新校准，再恢复原有操作的方法。而伺服电动机驱动系统本身是一闭环控制系统，急停发生时将减速停止到已发脉冲的指定位置，当前位置被保存。急停复位后就没有必要返回原点。显然前者的控制编程较为复杂。本节将着重介绍使用步进电动机驱动时的编程方法和程序结构。

输送单元所需的 I/O 点较多。其中，输入信号包括来自按钮/指示灯模块的按钮、开关等主令信号，各构件的传感器信号等；输出信号包括输出到抓取机械手装置各电磁阀的控制信号和输出到步进电动机驱动器的脉冲信号和驱动方向信号；此外尚须考虑在需要时输出信号到按钮/指示灯模块的指示灯，以显示本单元或系统的工作状态。由于需要输出驱动步进电动机的高速脉冲，PLC 应采用晶体管输出型。

基于上述考虑，选用三菱 FX1N-48MT PLC，共 24 点输入，24 点晶体管输出。表 7-6 给出了 PLC 的 I/O 信号表，I/O 接线原理如图 7-32 所示。

由图 7-32a 可见，PLC 输入点 X001 和 X002 分别与右、左极限开关 SQ1 和 SQ2 相连接，

学习情境 7 输送站的安装、调试与维护

表 7-6　输送单元 PLC 的 I/O 信号表

输入信号				输出信号			
序号	PLC 输入点	信号名称	信号来源	序号	PLC 输出点	信号名称	信号来源
1	X000	原点传感器检测	装置侧	1	Y000	脉冲	装置侧
2	X001	右限位保护		2	Y001		
3	X002	左限位保护		3	Y002	方向	
4	X003	机械手提升上限检测		4	Y003	提升台上升电磁阀	
5	X004	机械手提升下限检测		5	Y004	摆动气缸左旋电磁阀	
6	X005	机械手旋转左限检测		6	Y005	摆动气缸右旋电磁阀	
7	X006	机械手旋转右限检测		7	Y006	手爪伸出电磁阀	
8	X007	机械手伸出检测		8	Y007	手爪夹紧电磁阀	
9	X010	机械手缩回检测		9	Y010	手爪松开电磁阀	
10	X011	机械手夹紧检测		10	Y011	运行指示	按钮/指示灯模块
11	X012			11	Y012	停止指示	
12				12	Y013	报警指示	
13	X013			13	Y014		
14	~			14	Y015		
15	X023			15	Y016		
16	未接线			16	Y017		
17							
18	X024	复位按钮	按钮/指示灯模块				
19	X025	起动按钮					
20	X026	急停按钮					
21	X027	方式选择					

并且还与两个中间继电器 KA1 和 KA2 相连。当发生右越程故障时，右极限开关 SQ1 动作，其常开触点接通，X001 为 0V 电平，越程故障信号输入到 PLC，与此同时，继电器 KA1 动作，它的常闭触点将断开步进电动机驱动器的脉冲输入回路，强制停止发出脉冲，它的一个常开触点与 SQ1 常开触点并联，使 KA1 保持自锁状态。因此，一旦发生越程故障，必须断开电源，使 KA1 复位后才能重新启动。同样，KA2 也是在发生左越程故障时起强制停发脉冲的作用。

可见，继电器 KA1 和 KA2 的作用是硬连锁保护。目的是防范由于程序错误引起冲极限故障而造成设备损坏。

晶体管输出的 FX1N 系列 PLC，供电电源采用 AC 220V 电源，与前面各工作单元的继电器输出的 PLC 相同。

3. 编写和调试 PLC 控制程序

（1）主程序编写的思路。从工作任务可以看到，输送单元传送工件的过程是一个步进顺序控制过程，包括两个方面，一是步进电动机驱动抓取机械手的定位控制，二是机械手到各

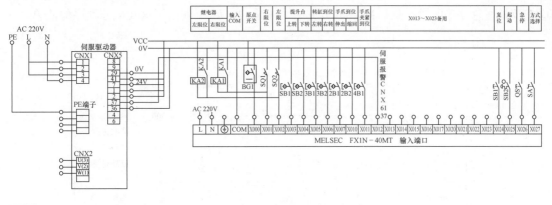

a) 输入端口接线

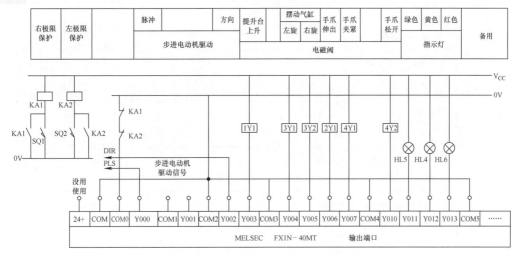

b) 输出端口接线

图 7-32　输送单元 PLC 输入/输出端口接线

工作单元物料台上抓取或放下工件，其中前者是关键。本程序采用 FX1N 绝对位置控制指令来定位。因此需要知道各工位的绝对位置脉冲数。若步进驱动器的细分设置为 10000 步/转，这些数据见表 7-7。

表 7-7　步进电动机运行的运动位置

序号	站点		脉冲量	移动方向
0	低速回零（ZRN）			
1	ZRN（零位）→供料站　22mm		2200	
2	供料站→加工站　430mm		43000	DIR
3	供料站→装配站　780mm		78000	DIR
4	供料站→分拣站　1040mm		104000	DIR

　　传送工件的顺序控制过程是否进行，取决于系统是否在运行状态、急停按钮是否正常以及急停复位后的处理是否结束。为此，须建立一个主控过程允许执行的标志 M20，只有当 M20 被置位时，才能运行步进顺序控制过程。

　　由此可见，系统主程序应包括通电初始化、复位过程（子程序）、准备就绪后投入运行、检查及处理急停等阶段，最后判断 M20 是否为 ON。图 7-33 列出了这几部分程序的清单。

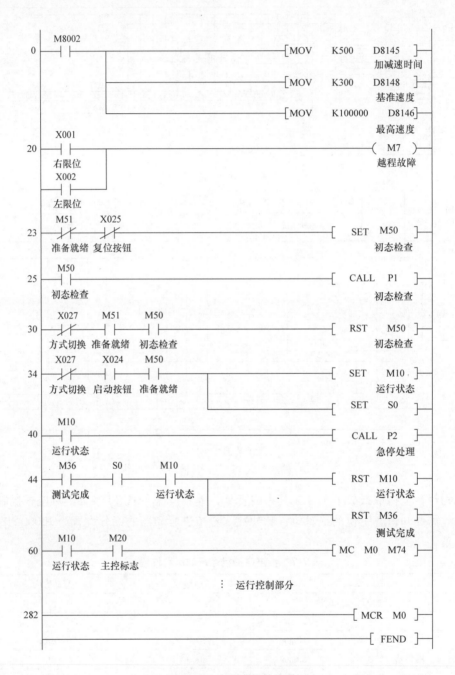

图 7-33　主程序部分清单

　　上述程序清单中，先后调用初态检查子程序 P1 和急停处理子程序 P2，前者的功能是检查系统通电后是否在初始状态，如不在初始状态则进行复位操作。后者的功能是：当系统进入运行状态后，检查急停按钮是否按下和进行急停复位的处理，以确定 M20 的状态。在紧急停止状态或系统正处于急停复位后处理的过程时，M20 为 OFF，这时主控过程不能运行。仅当急停按钮没有按下或急停复位后的处理已经完成时，M20 为 ON，启动一个主块，块中的传送工件顺序控制过程可以执行。传送工件过程是一个单序列的步进顺序控制过程，这里仅画出图 7-34 所示的流程图。

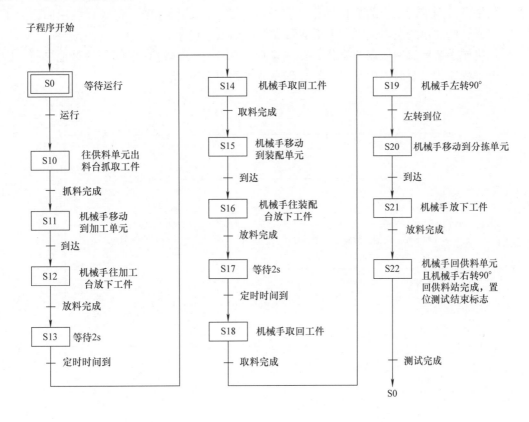

图 7-34　传送功能测试过程的流程图

其中的第 S11、S15、S20、S22 步都是步进电动机驱动机械手运动的过程，以 S15 步为例，梯形图如图 7-35 所示。

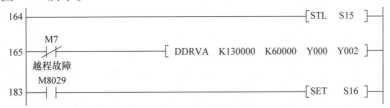

图 7-35　机械手从加工单元移动到装配单元梯形图

程序中使用绝对位置控制指令驱动步进电动机运动，指定目标位置为 + 130000 个脉冲（装配单元对原点的坐标），运行速度为 60kHz。指令执行前的当前位置（加工单元加工台中心线）为 71667 个脉冲。指令执行时，自动计算出输出的脉冲数（130000 – 71667 = + 58333）为正值，故旋转方向信号输出 Y002 为 ON，步进电动机应为反向旋转。这一点，在安装和调整步进电动机时应予以注意。

（2）初态检查复位子程序和回原点子程序。系统通电且按下复位按钮后，就调用初态检查复位子程序，进入初始状态检查和复位操作阶段，目标是确定系统是否准备就绪，若未准备就绪，则系统不能启动进入运行状态。

该子程序的内容是检查各气动执行元件是否处在初始位置，抓取机械手装置是否在原点位置，如果没有则进行相应的复位操作，直至准备就绪。子程序中，将嵌套调用回原点子程序，并完成一些简单的逻辑运算，下面着重介绍回原点子程序。

抓取机械手装置返回原点的操作，在输送单元的整个工作过程中都会频繁地进行。因此编写一个子程序供需要时调用是必要的。程序清单如图7-36所示。

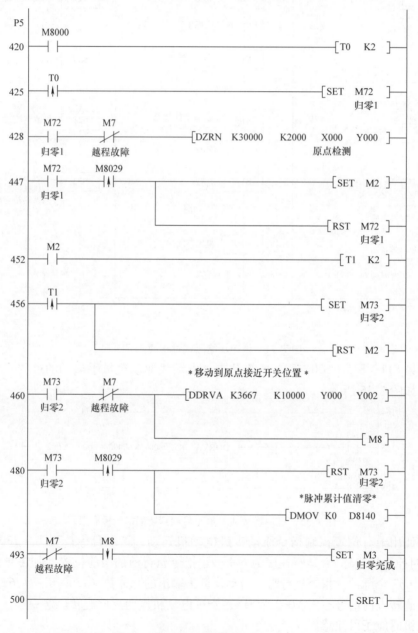

图7-36　归零子程序

（3）急停处理子程序。当系统进入运行状态后，在每一扫描周期都调用急停处理子程序。急停处理子程序梯形图如图 7-37 所示。急停动作时，主控位 M20 复位，主控制停止执行，急停复位后，分两种情况：

① 若急停前抓取机械手没有运行中，传送功能测试过程继续运行。

② 若急停前抓取机械手正在前进中（从供料往加工，或从加工往装配，或从装配往分拣），则当急停复位的上升沿到来时，需要启动使机械手回原点过程。到达原点后，传送功能测试过程继续运行。

图 7-37　急停处理子程序

（4）机械手的抓取和放下工件操作。机械手在不同的阶段抓取工件或放下工件的动作顺序是相同的。抓取工件的动作顺序为：手臂伸出→手爪夹紧→提升台上升→手臂缩回。放下工件的动作顺序为：手臂伸出→提升台下降→手爪松开→手臂缩回。采用子程序调用的方法来实现抓取和放下工件的动作控制使程序编写得以简化。

在机械手执行放下工件的工作步时，调用"放下工件"子程序，在执行抓取工件的工作步时，调用"抓取工件"子程序。当抓取或放下工作完成时，"放料完成"标志 M5 或"抓取完成"标志 M4，作为顺序控制程序中步转移的条件。

应该指出的是，虽然抓取工件或放下工件都是顺序控制过程，但在编写子程序时不能使用 STL/RET 指令，否则会发生代号为 6606 的错误。实际上，抓取工件和放下工件过程均较为简单，直接使用基本指令即可容易实现。

（5）采用伺服电动机驱动的编程思路。如前面所指出的，本工作任务若采用伺服电动机驱动，由于伺服电动机驱动系统本身是一闭环控制系统，急停发生时将减速停止到已发脉冲的指定位置，当前位置被保存。急停复位后就没有必要返回原点。而工作任务的实施也将大为简化。

考虑越程故障保护时，无须增加中间继电器，只需用限位行程开关 SQ1、SQ2 自身的转换触点即可实现。

从 PLC 输出到伺服驱动器的脉冲和方向信号，可直接连接，不需要外接限流电阻，因为 X5 端口的脉冲和方向信号端子已经内置限流电阻，如图 7-38 所示。

不需要编写急停处理子程序，直接用急停按钮信号 X026 代替主控标志 M20，与运行状态标志 M10 串联即可作为主控块的条件（参考图 7-33）。

仅当初始状态检查时，需要使用原点回归指令搜索原点信息，以后的运行过程，当前位置信息始终被保存。因此也无须编写回归原点子程序。

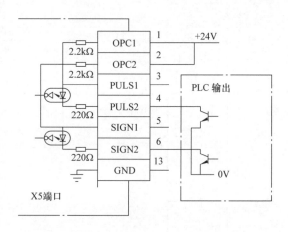

图 7-38　X5 端口的部分内部电路

采用伺服电动机驱动实施本实训任务的具体工作，包括 PLC 的 I/O 接线、伺服电动机驱动器参数设置、程序的编写和调试，请参照前面所述的思路自行完成。

7.5　情境小结

通过本学习情境的学习，掌握机械手气缸、单电控电磁阀等基本气动元件的工作原理和工作过程，完成机械手气动控制回路的连接和调整，掌握输送系统中磁性开关等传感器的工作特性，并完成其在输送单元中的安装和调试，掌握伺服电动机的工作原理及其驱动器的应用方式。独立完成输送单元机电系统的安装与调试，独立查阅参考文献和解决问题。掌握电气控制原理图的分析与绘制，根据工作任务要求设计 PLC 程序并调试，能与团队合作，养成良好的职业素养。

7.6　情境自测

1. 输送单元的基本功能有哪些？
2. 叙述 YL－335B 型光机电一体化设备输送单元中抓取机械手装置的构成和功能。
3. 设计输送单元的气动控制回路，并分析其工作原理。
4. 总结检查气动连线、传感器接线、I/O 检测及故障排除方法。
5. 如果在输送过程中出现意外情况如何处理？
6. 思考输送单元各种可能出现的问题。

整机的安装、调试与维护

8.1 情境导入

在前面的学习情境中，重点介绍了 YL – 335B 型光机电一体化设备各组成单元在作为独立设备工作时用 PLC 对其实现控制的基本思路，这相当于模拟了一个简单的单体设备的控制过程。本学习情境将以典型光机电一体化设备出厂例程为实例，介绍通过 PLC 实现由几个相对独立的单元组成的一个群体设备（生产线）的控制功能。图 8-1 所示为 YL – 335B 型光机电一体化设备整机机电设备实物。

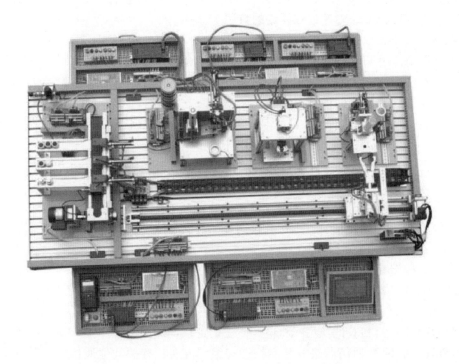

图 8-1　整机机电设备实物

8.2 学习目标

1）掌握 FX 系列 PLC N∶N 通信协议，能进行 N∶N 通信网络的安装、编程与调试，能排除一般的网络故障。

2）能在规定时间内完成自动化生产线的安装。

3）能根据工作任务书的要求进行人机界面设置、网络组建及各站控制程序设计。

4）能解决自动化生产线的整体安装与运行过程中出现的常见问题。

5）培养独立查阅参考文献和思考的能力。

6）培养正确使用工具、劳动保护用品、清扫车间等良好的职业素养。

8.3 知识衔接

8.3.1 认知 FX 系列 PLC N∶N 通信

YL－335B 型光机电一体化设备系统的控制方式采用每一个工作单元由一台 PLC 承担其控制任务，各 PLC 之间通过 RS485 串行通信实现互联的分布式控制方式。组建成网络后，系统中每一个工作单元称为工作站。

PLC 网络的具体通信模式取决于所选厂家的 PLC 类型。YL－335B 型光机电一体化设备的标准配置为：若 PLC 选用 FX 系列，通信方式则采用 N∶N 网络通信。

1. 三菱 FX 系列 PLC N∶N 通信网络的特性

FX 系列 PLC 支持以下 5 种类型的通信：

1）N∶N 网络：用 FX2N、FX2NC、FX1N、FX0N 等 PLC 进行的数据传输可建立在 N∶N 的基础上。使用这种网络，能链接小规模系统中的数据。它适合数量不超过 8 个的 PLC（FX2N、FX2NC、FX1N、FX0N）之间的互联。

2）并行链接：这种网络采用 100 个辅助继电器和 10 个数据寄存器在 1∶1 的基础上来完成数据传输。

3）计算机链接（用专用协议进行数据传输）：用 RS485（422）单元进行的数据传输在 1∶n（16）的基础上完成。

4）无协议通信（用 RS 指令进行数据传输）：用各种 RS232 单元，包括个人计算机、条形码阅读器和打印机，来进行数据通信，可通过无协议通信完成，这种通信使用 RS 指令或者一个 FX2N－232IF 特殊功能模块。

5）可选编程端口：对于 FX2N、FX2NC、FX1N、FX1S 系列的 PLC，当该端口连接在 FX1N－232BD、FX0N－232ADP、FX1N－232BD、FX2N－422BD 上时，可以和外围设备（编程工具、数据访问单元、电气操作终端等）互连。

采用三菱 FX 系列 PLC 的典型光机电一体化设备系统选用 N∶N 网络实现各工作站的数据通信，本节只介绍 N∶N 通信网络的基本特性和组网方法，有关其他通信类型，可参阅《FX 系列 PLC 通信用户手册》。

N∶N 网络建立在 RS485 传输标准上，网络中必须有一台 PLC 为主站，其他 PLC 为从站，网络中站点的总数不超过 8 个。图 8-2 所示为 YL－335B 型光机电一体化设备的 N∶N 通信网络配置。

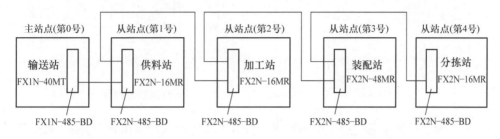

图 8-2 YL－335B 型光机电一体化设备的 N∶N 通信网络配置

系统中使用的 RS485 通信接口板为 FX2N－485－BD 和 FX1N－485－BD，最大延伸距离 50m，网络的站点数为 5 个。

N∶N 网络的通信协议是固定的：通信方式采用半双工通信，波特率固定为 38400bit/s；数据长度、奇偶校验、停止位、标题字符、终结字符以及校验等也均是固定的。

N∶N 网络是采用广播方式进行通信的：网络中每一站点都指定一个用特殊辅助继电器和特殊数据寄存器组成的链接存储区，各个站点链接存储区地址编号都是相同的。

各站点向自己站点链接存储区中规定的数据发送区写入数据。网络上任何 1 台 PLC 中的发送区的状态会反映到网络中的其他 PLC 上，因此，数据可供通过 PLC 链接起来的所有 PLC 共享，且所有单元的数据都能同时完成更新。

2. 安装和连接 N∶N 通信网络

网络安装前，应断开电源。各站 PLC 应插上 485－BD 通信板。它的 LED 显示/端子排列如图 8-3 所示。

YL－335B 型光机电一体化设备系统的 N∶N 链接网络，各站点间用屏蔽双绞线相连，如图 8-4 所示，接线时必须注意终端站要接上 110Ω 的终端电阻（485BD 板附件）。

进行网络连接时应注意：

1）如图 8-4 所示，R 为终端电阻。在端子 RDA 和 RDB 之间连接终端电阻（110Ω）。

2）将端子 SG 连接到可编程序控制器主体的每个端子上，而主体用 100Ω 或更小的电阻接地。

3）屏蔽双绞线的直径应在 26～16AWG（0.404～1.290mm）范围内，否则由于端子接触不良，不能确保正常的通信。连线时宜用压接工具把电缆插入端子，如果连接不稳定，则通信会出现错误。

如果网络上各站点 PLC 已完成网络参数的设置，则在完成网络连接后，再接通各 PLC 工

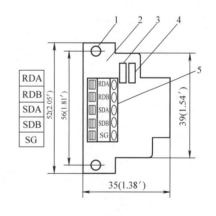

图 8-3 485－BD 板显示/端子排列

1—安装孔 2—可编程控制器连接器

3—SD LED：发送时高速闪烁

4—RD LED：接收时高速闪烁

5—连接 RS485 单元的端子

端子模块的上表面高于可编程控制器面板盖子的上表面，高出大约 7 毫米

尺寸单位：mm（英寸）

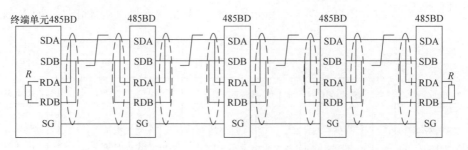

图 8-4　YL－335B 型光机电一体化设备 PLC 链接网络连接

作电源，可以看到，各站通信板上的 SD LED 和 RD LED 指示灯都出现点亮/熄灭交替的闪烁状态，说明 N∶N 网络已经组建成功。

如果 RD LED 指示灯处于点亮/熄灭的闪烁状态，而 SD LED 没有闪烁（或者根本不亮），这时必须检查站点编号的设置、传输速率（波特率）和从站的总数目。

3. 组建 N∶N 通信网络

网络组建的基本概念和过程：

FX 系列 PLC N∶N 通信网络的组建主要是对各站点 PLC 用编程方式设置网络参数实现的。

FX 系列 PLC 规定了与 N∶N 网络相关的标志位（特殊辅助继电器）和存储网络参数和网络状态的特殊数据寄存器。当 PLC 为 FX1N 或 FX2N（C）时，N∶N 网络的相关标志（特殊辅助继电器）见表 8-1，相关特殊数据寄存器见表 8-2。

表 8-1　特殊辅助继电器

特性	辅助继电器	名称	描述	响应类型
R	M8038	N∶N 网络参数设置	用来设置 N∶N 网络参数	M、L
R	M8183	主站点通信错误	当主站点产生通信错误时为 ON	L
R	M8184～M8190	从站点通信错误	当从站点产生通信错误时为 ON	M、L
R	M8191	数据通信	当与其他站点通信时为 ON	M、L

注：R：只读；W：只写；M：主站点；L：从站点。

在 CPU 错误、程序错误或停止状态下，对每一站点处产生的通信错误数目不能计数。M8184～M8190 是从站点通信错误的标志，第 1 从站用 M8184 标志，…，第 7 从站用 M8190 标志。

表 8-2　特殊数据寄存器

特性	数据寄存器	名称	描述	响应类型
R	D8173	站点号	存储它自己的站点号	M、L
R	D8174	从站点总数	存储从站点的总数	M、L
R	D8175	刷新范围	存储刷新范围	M、L
W	D8176	站点号设置	设置它自己的站点号	M、L
W	D8177	从站点总数设置	设置从站点总数	M
W	D8178	刷新范围设置	设置刷新范围模式号	M
W/R	D8179	重试次数设置	设置重试次数	M
W/R	D8180	通信超时设置	设置通信超时	M
R	D8201	当前网络扫描时间	存储当前网络扫描时间	M、L
R	D8202	最大网络扫描时间	存储最大网络扫描时间	M、L

（续）

特性	数据寄存器	名称	描述	响应类型
R	D8203	主站点通信错误数目	存储主站点通信错误数目	L
R	D8204 ~ D8210	从站点通信错误数目	存储从站点通信错误数目	M、L
R	D8211	主站点通信错误代码	存储主站点通信错误代码	L
R	D8201 ~ D8218	从站点通信错误代码	存储从站点通信错误代码	M、L

注：R：只读；W：只写；M：主站点；L：从站点。

在 CPU 错误、程序错误或停止状态下，对其自身站点处产生的通信错误数目不能计数。D8204 ~ D8210 是从站点的通信错误数目，第 1 从站用 D8204 标志，…，第 7 从站用 D8210 标志。在表 8-1 中，特殊辅助继电器 M8038（N: N 网络参数设置继电器，只读）用来设置 N: N 网络参数。

对于主站点，用编程方法设置网络参数，就是在程序开始的第 0 步（LD M8038），向特殊数据寄存器 D8176 ~ D8180 写入相应的参数，仅此而已。对于从站点，则更为简单，只需在第 0 步（LD M8038）向 D8176 写入站点号即可。

例如，图 8-5 给出了输送站（主站点）网络参数设置程序。

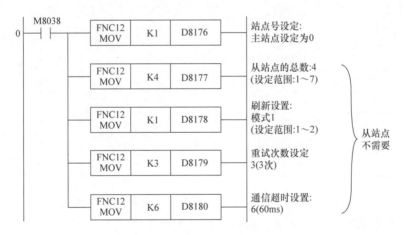

图 8-5　主站点网络参数设置程序

对上述程序说明如下：

① 编程序时应注意，必须确保把以上程序作为 N: N 网络参数设定程序从第 0 步开始写入，在不属于上述程序的任何指令或设备执行时结束。这一程序段不需要执行，只需把其编入此位置时，它自动变为有效。

② 特殊数据寄存器 D8178 用作设置刷新范围，刷新范围指的是各站点的链接存储区。对于从站点，此设定不需要。根据网络中信息交换的数据量不同，可选择表 8-3（模式 0），表 8-4（模式 1）和表 8-5（模式 2）三种刷新模式。在每种模式下使用的元件被 N: N 网络所有站点所占用。

表 8-3 模式 0 站号与字软元件对应关系

站点号	元件	
	位软元件（M）	字软元件（D）
	0 点	4 点
第 0 号	—	D0 ~ D3
第 1 号	—	D10 ~ D13
第 2 号	—	D20 ~ D23
第 3 号	—	D30 ~ D33
第 4 号	—	D40 ~ D43
第 5 号	—	D50 ~ D53
第 6 号	—	D60 ~ D63
第 7 号	—	D70 ~ D73

表 8-4 模式 1 站号与位、字软元件对应关系

站点号	元件	
	位软元件（M）	字软元件（D）
	32 点	4 点
第 0 号	M1000 ~ M1031	D0 ~ D3
第 1 号	M1064 ~ M1095	D10 ~ D13
第 2 号	M1128 ~ M1159	D20 ~ D23
第 3 号	M1192 ~ M1223	D30 ~ D33
第 4 号	M1256 ~ M1287	D40 ~ D43
第 5 号	M1320 ~ M1351	D50 ~ D53
第 6 号	M1384 ~ M1415	D60 ~ D63
第 7 号	M1448 ~ M1479	D70 ~ D73

表 8-5 模式 2 站号与位、字软元件对应关系

站点号	元件	
	位软元件（M）	字软元件（D）
	64 点	4 点
第 0 号	M1000 ~ M1063	D0 ~ D3
第 1 号	M1064 ~ M1127	D10 ~ D13
第 2 号	M1128 ~ M1191	D20 ~ D23
第 3 号	M1192 ~ M1255	D30 ~ D33
第 4 号	M1256 ~ M1319	D40 ~ D43
第 5 号	M1320 ~ M1383	D50 ~ D53
第 6 号	M1384 ~ M1447	D60 ~ D63
第 7 号	M1448 ~ M1511	D70 ~ D73

在图 8-5 所示的例子中，刷新范围设定为模式 1。这时每一站点占用 32 × 8 个位软元件，4 × 8 个字软元件作为链接存储区。在运行中，对于第 0 号站（主站），希望发送到网络的开关量数据应写入位软元件 M1000 ~ M1063 中，而希望发送到网络的数字量数据应写入字软元件 D0 ~ D3 中，对其他各站点依此类推。

③ 特殊数据寄存器 D8179 设定重试次数，设定范围为 0 ~ 10（默认值为 3），对于从站点，此设定不需要。如果一个主站点试图以此重试次数（或更高）与从站通信，此站点将发生通信错误。

④ 特殊数据寄存器 D8180 设定通信超时值，设定范围为 5 ~ 255（默认值为 5），此值乘以 10ms 就是通信超时的持续驻留时间。

⑤ 对于从站点，网络参数设置只需设定站点号即可，例如供料站（1 号站）的设置，如图 8-6 所示。

如果按上述对主站和各从站编程，完成网络连接后，再接通各 PLC 工作电源，即使在 STOP 状态下，通信也将进行下去。

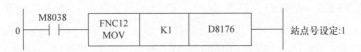

图 8-6　从站点网络参数设置程序

4. N∶N 网络调试与运行练习

（1）任务要求。供料站、加工站、装配站、分拣站、输送站的 PLC（共 5 台）用 FX2N－485－BD 通信板连接，以输送站作为主站，站号为 0，供料站、加工站、装配站、分拣站作为从站，站号分别为：供料站 1 号、加工站 2 号、装配站 3 号、分拣站 4 号。它们的功能如下：

① 0 号站的 X001～X004 分别对应 1 号站～4 号站的 Y000（注：即当网络工作正常时，按下 0 号站 X001，则 1 号站的 Y000 输出，依此类推）。

② 1 号站～4 号站的 D200 的值等于 50 时，对应 0 号站的 Y001、Y002、Y003、Y004 输出。

③ 从 1 号站读取 4 号站的 D220 的值，保存到 1 号站的 D220 中。

（2）连接网络和编写、调试程序。连接好通信口，编写主站程序和从站程序，在编程软件中进行监控，改变相关输入点和数据寄存器的状态，观察不同站点的相关量的变化，看是否符合任务要求，如果符合任务要求说明能够完成任务；若不符合，则检查硬件和软件是否正确，修改、重新调试，直到满足要求为止。

图 8-7、图 8-8 分别给出输送站和供料站的参考程序。程序中使用了站点通信错误标志位

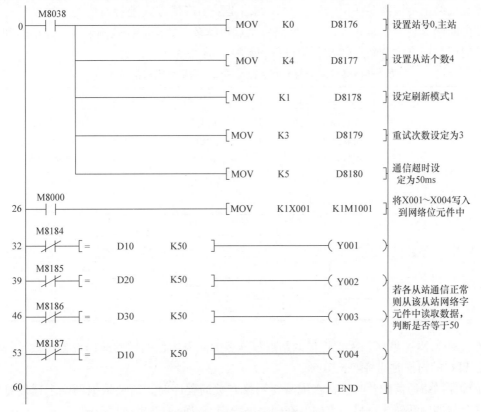

图 8-7　输送站网络读写例程

（特殊辅助继电器 M8183～M8187，见表 8-1）。例如，当某从站发生通信故障时，不允许主站从该从站的网络元件读取数据。使用站点通信错误标志位编程，对于确保通信数据的可靠性是有益的，但应注意，站点不能识别自身的错误，因此，没必要为每一站点编写错误程序。

其余各工作站的程序，请读者自行编写。

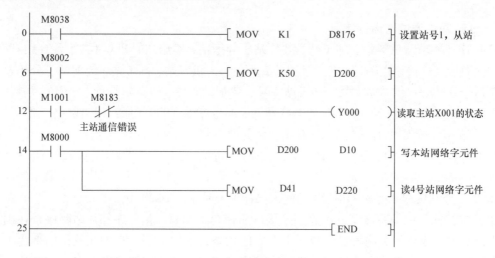

图 8-8　供料站网络读写例程

5. 通信时间的概念

数据在网络上传输需要耗费时间，N∶N 网络是采用广播方式进行通信的，每完成一次刷新所需用的时间就是通信时间（ms）。网络中站点数越多，数据刷新范围越大，通信时间就越长。通信时间与网络中总站点数及通信设备刷新模式的关系见表 8-6。

表 8-6　通信时间与总站点数及通信设备刷新模式的关系

		通信时间/ms		
		通信设备模式 0 位软元件：0 点 字软元件：4 点	通信设备模式 1 位软元件：32 点 字软元件：4 点	通信设备模式 2 位软元件：64 点 字软元件：8 点
总的站点数	2	18	22	34
	3	26	32	50
	4	33	42	66
	5	41	52	83
	6	49	62	99
	7	57	72	115
	8	65	82	131

此外，对于 N∶N 网络，无论连接的站点数是多少或采用什么样的通信设备模式，每增加一个站点 PLC 的扫描时间将增长 10%。

为了确保网络通信的及时性，在编写与网络有关的程序时，需要根据网络上通信量的大小，选择合适的刷新模式。另一方面，在网络编程中，也必须考虑通信时间。

8.3.2 系统整体实训的工作任务

下面提出的 YL – 335B 型光机电一体化设备整体实训工作任务是一项综合性的工作，适于 3 位学生共同协作，在 6h 内完成。

8.3.2.1 YL – 335B 型光机电一体化设备的工作目标

将供料单元料仓内的工件送往加工单元的物料台，加工完成后，把加工好的工件送往装配单元的装配台，然后把装配单元料仓内的白色和黑色两种不同颜色的小圆柱零件嵌入到装配台上的工件中，完成装配后的成品送往分拣单元分拣输出。已完成加工和装配工作的工件如图 8-9 所示。

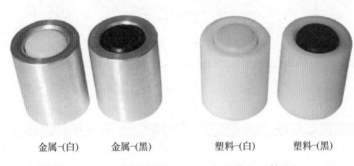

金属-(白)　　　金属-(黑)　　　　塑料-(白)　　　塑料-(黑)

图 8-9　已完成加工和装配工作的工件

8.3.2.2 需要完成的工作任务

1. YL – 335B 型光机电一体化设备部件安装

完成 YL – 335B 型光机电一体化设备的供料、加工、装配、分拣和输送单元的装配工作，并把这些工作单元安装在典型的光机电一体化设备的工作桌面上。各工作单元装置部分的安装位置按照学习情境 7 中的要求布局。

2. 气路连接及调整

（1）按照前面各项目所要求的气动系统图完成气路连接。

（2）接通气源后检查各工作单元气缸初始位置是否符合要求，如不符合必须进行调整。

（3）完成气路调整，确保各气缸运行顺畅和平稳。

3. 电路连接

（1）按照前面各项目的电气接线图连接电路。

（2）电路连接完成后，应根据运行要求设定分拣站变频器和输送站伺服电动机驱动器的有关参数，并测试旋转编码器的脉冲当量（测试 3 次取平均值，有效数字为小数后 3 位）。

4. 各站 PLC 网络连接

系统的控制方式应采用 N:N 网络的分布式网络控制，并指定输送单元作为系统主站。系统主令工作信号由连接到输送站 PLC 编程口的触摸屏人机界面提供，但系统紧急停止信号由输送单元的按钮/指示灯模块的急停按钮提供。安装在工作桌面上的警示灯应能显示整个系统的主要工作状态，例如复位、起动、停止和报警等。

5. 组态用户界面

用户窗口包括欢迎界面和主窗口界面两个窗口，如图 8-10 和图 8-11 所示。

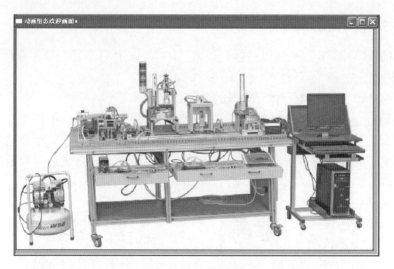

图 8-10　欢迎界面

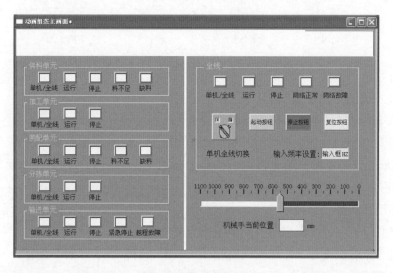

图 8-11　主窗口界面

（1）欢迎界面是起动界面，触摸屏通电后运行，屏幕上方的标题文字向右循环移动。当触摸欢迎界面上任意部位时，都将切换到主窗口界面。

（2）主窗口界面组态应具有下列功能：

1）提供系统工作方式（单机/全线）选择信号和系统复位、起动和停止信号。

2）在人机界面上设定分拣单元变频器的输入运行频率（40~50Hz）。

3）在人机界面上动态显示输送单元机械手装置的当前位置（以原点位置为参考点，度量单位为 mm）。

4）指示网络的运行状态（正常、故障）。

5）指示各工作单元的运行、故障状态。其中故障状态包括：

① 供料单元供料不足状态或缺料状态。

② 装配单元供料不足状态或缺料状态。

③ 输送单元抓取机械手装置越程故障（左或右极限开关动作）。

6）指示全线运行时系统的紧急停止状态。

6. 程序编写及调试

系统的工作模式分为单机工作和全线运行模式。从单机工作模式切换到全线运行模式的条件是：各工作站均处于停止状态，各站按钮/指示灯模块上的工作方式选择开关置于全线模式，此时若人机界面中选择开关切换到全线运行模式，系统进入全线运行状态。

要从全线运行模式切换到单机工作模式，仅限当前工作周期完成后人机界面中选择开关切换到单机运行模式才有效。

在全线运行模式下，各工作站仅通过网络接受来自人机界面的主令信号，除主站急停按钮外，所有本站主令信号无效。

（1）单机运行模式。在单机运行模式下，各单元工作的主令信号和工作状态显示信号来自其 PLC 旁边的按钮/指示灯模块；并且，按钮/指示灯模块上的工作方式选择开关 SA 置于"单机方式"位置。各站的具体控制要求与前面各项目单独运行要求相同（但加工站暂不考虑紧急停止要求）。

（2）系统正常的全线运行模式。在全线运行模式下，各工作站部件的工作顺序以及对输送站机械手装置运行速度的要求，与单机运行模式一致。全线运行步骤如下：

1）系统通电后，N: N 网络正常后开始工作。触摸人机界面上的复位按钮，执行复位操作，在复位过程中，绿色警示灯以 2Hz 的频率闪烁，红色和黄色灯均熄灭。

复位过程包括：使输送站机械手装置回到原点位置和检查各工作站是否处于初始状态。各工作站初始状态是指：

① 各工作单元气动执行元件均处于初始位置。

② 供料单元料仓内有足够的待加工工件。

③ 装配单元料仓内有足够的小圆柱零件。

④ 输送站的紧急停止按钮未按下。

当输送站机械手装置回到原点位置，且各工作站均处于初始状态，则复位完成，绿色警示灯常亮，表示允许启动系统。这时若触摸人机界面上的起动按钮，系统起动，绿色和黄色警示灯均常亮。

2）供料站运行。系统起动后，若供料站的出料台上没有工件，则应把工件推到出料台上，并向系统发出出料台上有工件的信号。若供料站的料仓内没有工件或工件不足，则向系统发出报警或预警信号。出料台上的工件被输送站机械手取出后，若系统仍然需要推出工件进行加工，则进行下一次推出工件操作。

3）输送站运行 1。当工件推到供料站出料台后，输送站抓取机械手装置应执行抓取供料站工件的操作。动作完成后，伺服电动机驱动机械手装置移动到加工站加工物料台的正前方，把工件放到加工站的加工台上。

4）加工站运行。加工站加工台的工件被检出后，执行加工过程。当加工好的工件被重新送回待料位置时，向系统发出冲压加工完成信号。

5）输送站运行 2。系统接收到加工完成信号后，输送站机械手应执行抓取已加工工件的操作。抓取动作完成后，伺服电动机驱动机械手装置移动到装配站物料台的正前方，然后把工件放到装配站物料台上。

6）装配站运行。装配站物料台的传感器检测到工件到来后，开始执行装配过程。装入动作完成后，向系统发出装配完成信号。

如果装配站的料仓或料槽内没有小圆柱工件或工件不足，应向系统发出报警或预警信号。

7）输送站运行3。系统接收到装配完成信号后，输送站机械手应抓取已装配的工件，然后从装配站向分拣站运送工件，到达分拣站传送带上方入料口后把工件放下，然后执行返回原点的操作。

8）分拣站运行。输送站机械手装置放下工件、缩回到位后，分拣站的变频器即开始起动，驱动传动电动机以80%最高运行频率（由人机界面指定）的速度，把工件带入分拣区进行分拣，工件分拣原则与单机运行相同。当分拣气缸活塞杆推出工件并返回后，应向系统发出分拣完成信号。

9）仅当分拣站分拣工作完成，并且输送站机械手装置回到原点时，系统的一个工作周期才认为结束。如果在工作周期内没有触摸过停止按钮，系统在延时1s后开始下一个周期的工作。如果在工作周期内曾经触摸过停止按钮，系统工作结束，警示灯中黄色灯熄灭，绿色灯仍保持常亮。系统工作结束后若再按下起动按钮，则系统又重新工作。

（3）异常工作状态测试：

1）工件供给状态的信号警示。如果发生来自供料站或装配站的"工件不足够"的预报警信号或"工件没有"的报警信号，则系统动作如下：

① 如果发生"工件不足够"的预报警信号，警示灯中红色灯以1Hz的频率闪烁，绿色和黄色灯保持常亮，系统继续工作。

② 如果发生"工件没有"的报警信号，警示灯中红色灯以亮1s，灭0.5s的方式闪烁；黄色灯熄灭，绿色灯保持常亮。

若"工件没有"的报警信号来自供料站，且供料站物料台上已推出工件，系统继续运行，直至完成该工作周期尚未完成的工作。当该工作周期工作结束，系统将停止工作，除非"工件没有"的报警信号消失，否则系统不能再次起动。

若"工件没有"的报警信号来自装配站，且装配站回转台上已落下小圆柱工件，系统继续运行，直至完成该工作周期尚未完成的工作。当该工作周期工作结束，系统将停止工作，除非"工件没有"的报警信号消失，否则系统不能再次起动。

2）急停与复位。系统工作过程中按下输送站的急停按钮，则输送站立即停车。在急停复位后，应从急停前的断点开始继续运行。

8.4 情境实施

8.4.1 设备的安装和调整

YL-335B型光机电一体化设备各工作站的机械安装、气路连接及调整、电气接线等，其工作步骤和注意事项在前面各学习情境中已经叙述过，这里不再重复。

系统整体安装时，必须确定各工作单元的安装位置，为此首先要确定安装的基准点，即从铝合金桌面右侧边缘算起。图7-31指出了基准点到原点距离（X方向）为310mm，这一点应首先确定。然后根据：原点位置与供料单元出料台中心沿 X 方向重合，供料单元出料台中心至加工单元加工台中心距离 430mm，加工单元加工台中心至装配单元装配台中心距离 350mm，装配单元装配台中心至分拣单元进料口中心距离 560mm，即可确定各工作单元在 X 方向的位置。

由于工作台的安装特点，原点位置一旦确定后，输送单元的安装位置也就确定下来了。在空的工作台上进行系统安装的步骤是：

1）完成输送单元装置侧的安装，包括直线运动组件、抓取机械手装置、拖链装置、电磁阀组件、装置侧电气接口等的安装；以及抓取机械手装置上各传感器引出线、连接到各气缸的气管沿拖链的敷设和绑扎；连接到装置侧电气接口的接线；单元气路的连接等。

2）供料、加工和装配等工作单元在完成其装置侧的装配后，在工作台上定位安装。它们沿 Y 方向的定位，以输送单元机械手在伸出状态时，能顺利在它们的物料台上抓取和放下工件为准。

3）分拣单元在完成其装置侧的装配后，在工作台上定位安装。沿 Y 方向的定位，应使传送带上进料口中心点与输送单元直线导轨中心线重合；沿 X 方向的定位，应确保输送单元机械手运送工件到分拣站时，能准确地把工件放到进料口中心上。需要指出的是，在安装工作完成后，必须进行必要的检查、局部试验的工作，确保及时发现问题。在投入全线运行前，应清理工作台上残留线头、管线、工具等，养成良好的职业素养。

8.4.2 有关参数的设置和测试

按工作任务书规定，电气接线完成后，应进行变频器、伺服驱动器有关参数的设定，并现场测试旋转编码器的脉冲当量。上述工作，已在前面各分项目做了详细的介绍，这里不再重复。

8.4.3 人机界面组态

1. 工程分析和创建

根据工作任务，对工程进行分析并规划如下：

1）工程框架：有两个用户窗口，即欢迎画面和主画面，其中欢迎画面是起动界面。1 个策略：循环策略。

2）数据对象：各工作站以及全线的工作状态指示灯、单机全线切换旋钮、起动、停止、复位按钮、变频器输入频率设定、机械手当前位置等。

3）图形制作：欢迎画面窗口：①图片：通过位图装载实现。②文字：通过标签实现。③按钮：由对象元件库引入。

主画面窗口：①文字：通过标签构件实现。②各工作站以及全线的工作状态指示灯、时钟：由对象元件库引入。③单机全线切换旋钮、起动、停止、复位按钮：由对象元件库引入。④输入频率设置：通过输入框构件实现。⑤机械手当前位置：通过标签构件和滑动输入器实现。

4）流程控制：通过循环策略中的脚本程序策略块实现。

进行上述规划后，就可以创建工程，然后进行组态。操作步骤是：在"用户窗口"中单击"新建窗口"按钮，建立"窗口 0""窗口 1"，然后分别设置两个窗口的属性。

2. 欢迎画面组态

（1）建立欢迎画面并选中"窗口0"，单击"窗口属性"，进入用户窗口属性设置，包括：

① 窗口名称改为"欢迎画面"，窗口标题改为"欢迎画面"。

② 在"用户窗口"中，选中"欢迎"，单击右键，选择下拉菜单中的"设置为启动窗口"选项，将该窗口设置为运行时自动加载的窗口。

（2）编辑欢迎画面选中"欢迎画面"窗口图标，单击"动画组态"，进入动画组态窗口开始编辑画面。

① 装载位图。

选择"工具箱"内的"位图"按钮，鼠标的光标呈"十字"形，在窗口左上角位置拖拽鼠标，拉出一个矩形，使其填充整个窗口。

在位图上单击右键，选择"装载位图"，找到要装载的位图，单击选择该位图，如图8-12所示；然后单击"打开"按钮，则图片就装载到了窗口。

图8-12　查找要装载的位图

② 制作按钮。

单击"绘图工具箱"中"按钮"图标，在窗口中拖出一个大小合适的按钮，双击按钮，出现图8-13a所示的属性设置窗口。在"可见度属性"选项卡中单选"按钮不可见"；在"操作属性"选项卡中单击"按下功能"，选择"打开用户窗口"的"主画面"，并使数据对象"HMI就绪"的值"置1"。

③ 制作循环移动的文字框图。

a. 选择"工具箱"内的"标签"按钮，拖拽到窗口上方中心位置，根据需要拉出一个大小适合的矩形。在鼠标光标闪烁位置输入文字"欢迎使用典型光机电一体化设备!"，按回车键或在窗口任意位置用鼠标单击一下，完成文字输入。

b. 静态属性设置如下：文字框的背景颜色：没有填充；文字框的边线颜色：没有边线；字符颜色：艳粉色；文字字体：华文细黑；字形：粗体；字号：二号。

c. 为了使文字循环移动，在"位置动画连接"中勾选"水平移动"，这时在对话框上端就增添"水平移动"对话框标签。水平移动属性的设置如图8-14所示。

设置说明如下：为了实现"水平移动"动画连接，首先要确定对应连接对象的表达式，

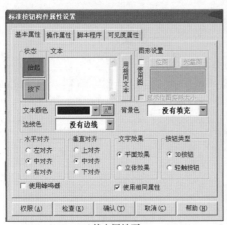

a)基本属性页

b)操作属性页

图8-13　欢迎界面按钮制作

然后再定义表达式的值所对应的位置偏移量。为此，在实时数据库中定义一个内部数据对象"移动"作为表达式，它是一个与文字对象的位置偏移量成比例的增量值，当表达式"移动"的值为0时，文字对象的位置向右移动0点（即不动），当表达式"移动"的值为1时，对象的位置向左移动5点（−5），这就是说"移动"变量与文字对象的位置之间的关系是一个斜率为−5的线性关系。

触摸屏图形对象所在的水平位置定义为：以左上角为坐标原点，单位为像素点，向左为负方向，向右为正方向。TPC7062KS的分辨率是"800×480"，文字串"欢迎使用典型光机电一体化设备！"向左全部移出的偏移量约为−700像素，故表达式"移动"的值为+140。文字循环移动的策略是，如果文字串向左全部移出，则返回初始位置重新移动。

图8-14　水平移动属性的设置

组态"循环策略"的具体操作如下：

1）在"运行策略"中，双击"循环策略"进入策略组态窗口。

2）双击　图标进入"策略属性设置"，将循环时间设为100ms，按"确认"。

3）在策略组态窗口中，单击工具条中的"新增策略行"图标，增加一策略行，如图8-15所示。

图8-15　新增策略行操作

4）单击"策略工具箱"中的"脚本程序"，将鼠标指针移到"策略块"图标上，单击鼠标左键，添加"脚本程序"构件，如图8-16所示。

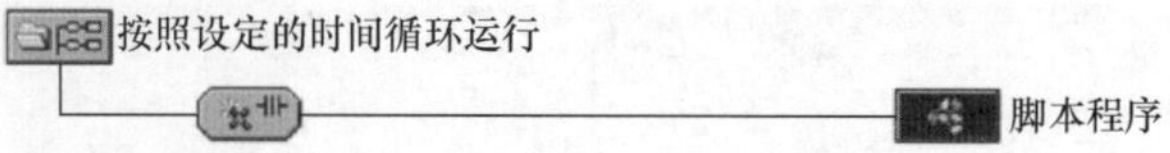

图8-16 添加脚本程序构件

5）双击"脚本程序"图标进入策略条件设置，在"表达式"中输入1，即始终满足条件。

6）双击"脚本程序"图标进入脚本程序编辑环境，输入下面的程序：

if 移动 < = 140 then

移动 = 移动 + 1

else

移动 = − 140

endif

7）单击"确认"，脚本程序编写完毕。

3. 主画面组态

（1）建立主画面。

1）选中"窗口1"，单击"窗口属性"，进入用户窗口属性设置。

2）将窗口名称改为：主画面窗口标题改为"主画面"；在"窗口背景"中，选择所需要的颜色。

（2）定义数据对象和连接设备。各工作站以及全线的工作状态指示灯、单机全线切换旋钮、起动、停止、复位按钮、变频器输入频率设定、机械手当前位置等都需要与 PLC 连接并进行信息交换。定义数据对象的步骤如下：

1）单击工作台中的"实时数据库"窗口标签，进入实时数据库窗口页。

2）单击"新增对象"按钮，在窗口的数据对象列表中增加新的数据对象。

3）选中对象，按下"对象属性"按钮，或双击选中对象，则打开"数据对象属性设置"对话框，然后编辑属性，最后加以确定。表8-7列出了全部与 PLC 连接的数据对象。

表8-7 与 PLC 连接的数据对象

序号	对象名称	类型	序号	对象名称	类型
1	HMI 就绪	开关型	15	单机全线_ 供料	开关型
2	越程故障_输送	开关型	16	运行_供料	开关型
3	运行_输送	开关型	17	料不足_供料	开关型
4	单机全线_输送	开关型	18	缺料_供料	开关型
5	单机全线_全线	开关型	19	单机全线_加工	开关型
6	复位按钮_全线	开关型	20	运行_加工	开关型
7	停止按钮_全线	开 关 型	21	单机全线_装配	开关型
8	起动按钮_全线	开 关 型	22	运行_装配	开关型
9	单机全线切换_全线	开关型	23	料不足_装配	开关型
10	网络正常_全线	开关型	24	缺料_装配	开关型
11	网络故障_全线	开关型	25	单机全线_分拣	开关型
12	运行_全线	开关型	26	运行_分拣	开关型
13	急停_输送	开关型	27	手爪当前位置_输送	数值型
14	变频器频率_分拣	数值型			

使定义好的数据对象和 PLC 内部变量进行连接，步骤如下：

① 打开"设备工具箱"，在可选设备列表中，双击"通用串口父设备"，然后双击"西门子_S7200PPI"，在"设备工具箱"中出现"通用串口父设备""三菱_FX 系列编程口"。

② 设置通用串口父设备的基本属性，如图 8-17 所示。

图 8-17　设置通用串口父设备的基本属性

③ 双击"三菱_FX 系列编程口"，进入设备编辑窗口，按表 8-7 的数据，逐个"增加设备通道"，如图 8-18 所示。

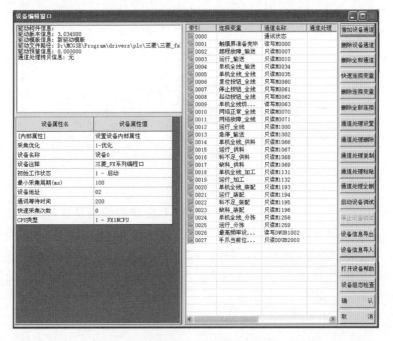

图 8-18　设备编辑窗口

（3）主画面制作和组态。按如下步骤制作和组态主画面：

1）制作主画面的标题文字、插入时钟、在"工具箱"中选择"直线"构件，把标题文字下方的区域划分为图 8-19 所示的两部分。区域左面制作各从站单元画面，右面制作主站输送单元画面。

图 8-19　主画面制作步骤之一

2）制作各从站单元画面并组态。以供料单元组态为例，其画面如图 8-20 所示，图中还指出了各构件的名称。这些构件的制作和属性设置前面已有详细介绍，但"料不足"和"缺料"两状态指示灯有报警时闪烁功能的要求，下面通过制作供料站缺料报警指示灯着重介绍这一属性的设置方法。

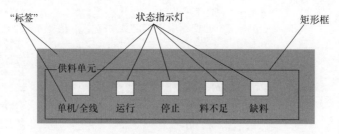

图 8-20　从站单元画面组态

与其他指示灯组态不同的是：缺料报警分段点 1 设置的颜色是红色，并且还需组态闪烁功能。操作步骤是：在属性设置页的特殊动画连接框中勾选"闪烁效果"，"填充颜色"选项卡旁边就会出现"闪烁效果"选项卡，如图 8-21a 所示。点选"闪烁效果"选项卡，"表达式"选择为"缺料_供料"；在"闪烁实现方式"框中点选"用图元属性的变化实现闪烁"；"填充颜色"选择黄色，如图 8-21b 所示。

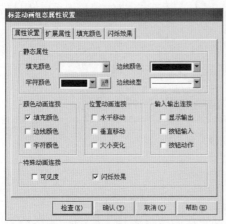
a)基本属性页

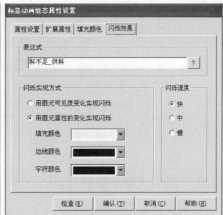
b)闪烁效果属性页

图 8-21　具有报警时闪烁功能的指示灯制作

3）制作主站输送单元画面。这里只着重说明滑动输入器的制作方法。操作步骤如下：

① 选中"工具箱"中的"滑动输入器"图标，当鼠标呈"十"字形后，拖动鼠标到适当大小并调整滑动块到适当的位置。

② 双击"滑动输入器"构件，进入图 8-22 所示的属性设置对话框。

图 8-22　滑动输入器构件属性设置

按照下面的值设置各个参数：在"基本属性"选项卡中，滑块指向：指向左（上）；在"刻度与标注属性"选项卡中，"主划线数目"为 11，"次划线数目"为 2；小数位数为 0；在"操作属性"选项卡中，"对应数据对象名称"为"手爪当前位置_输送"；滑块在最左（下）边时对应的值：1100；滑块在最右（上）边时对应的值：0；其他为默认值。

③ 单击"权限"按钮，进入用户权限设置对话框，选择"管理员组"，按"确认"按钮完成制作。注意，用户权限设置为管理员级别，这一步是必要的，这是因为滑动输入器构件

具有读写属性,为了确保运行时用户不能干预(写入)手爪当前位置,必须对用户权限加以限制。图 8-23 是制作完成的效果图。

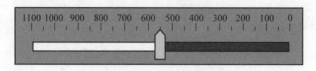

图 8-23　滑动输入器构件

8.4.4　编写和调试 PLC 控制程序

　　YL−335B 型光机电一体化设备是一个采用分布控制的自动化生产线,在设计它的整体控制程序时,应首先从它的系统性着手,通过组建网络、规划通信数据,使系统组织起来,然后根据各工作单元的工艺任务,分别编写各工作站的控制程序。

1. 规划通信数据

　　通过分析任务书可以看到,网络中各站点需要交换的信息量并不大,可采用模式 1 的刷新方式。各站通信数据的位数据见表 8-8 ~ 表 8-12。这些数据位分别由各站 PLC 程序写入,全部数据为 N: N 网络所有站点共享。

表 8-8　输送站数据位定义

输送站位地址	数据意义
M1000	全线运行
M1001	
M1002	允许加工
M1003	全线急停
M1004	
M1005	
M1006	
M1007	HMI 联机
M1008	
M1009	
M1010	
M1011	
M1012	请求供料
M1013	
M1014	
M1015	允许分拣
D0	最高频率设置

表8-9 供料站（1#站）数据位定义

供料站位地址	数据意义
M1064	初始态
M1065	供料信号
M1066	联机信号
M1067	运行信号
M1068	料不足报警
M1069	缺料报警

表8-10 加工站（2#站）数据位定义

加工站位地址	数据意义
M1128	初始态
M1129	加工完成
M1130	
M1131	联机信号
M1132	运行信号

表8-11 装配站（3#站）数据位定义

装配站位地址	数据意义
M1192	初始态
M1193	联机信号
M1194	运行信号
M1195	零件不足
M1196	零件没有
M1197	装配完成

表8-12 分拣站（4#站）数据位定义

分拣站位地址	数据意义
M1256	初始态
M1257	分拣完成
M1258	分拣联机
M1259	分拣运行

　　用于网络通信的数值数据只有一个，即来自触摸屏的频率指令数据传送到输送站后，由输送站发送到网络上，供分拣站使用。该数据被写入到字数据存储区的D0单元内。

　　2. 从站单元控制程序的编写

　　YL - 335B型光机电一体化设备各工作站在单机运行时的编程思路，在前面各项目中均作了介绍。在联机运行情况下，由工作任务书规定的各从站工艺过程基本上是固定的，原单机程序中工艺控制程序基本变动不大。在单机程序的基础上修改、编写联机运行程序，实现上并不太困难。下面首先以供料站的联机编程为例说明编程思路。

联机运行情况下的主要变动，一是在运行条件上有所不同，主令信号来自系统通过网络下传的信号；二是各工作站之间通过网络不断交换信号，由此确定各站的程序流向和运行条件。

对于前者，首先必须明确工作站当前的工作模式，以此确定当前有效的主令信号。工作任务书明确规定了工作模式切换的条件，目的是避免误操作的发生，确保系统可靠运行。工作模式切换条件的逻辑判断在通电初始化（M8002 ON）后即进行。图 8-24 是实现的梯形图。

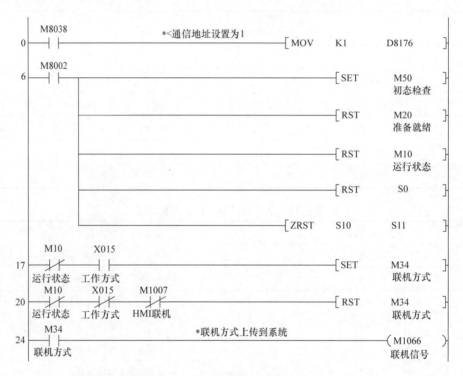

图 8-24　工作站初始化和工作方式确定

接下来的工作与前面单机时类似，即：①进行初始状态检查，判别工作站是否准备就绪。②若准备就绪，则收到全线运行信号或本站起动信号后投入运行状态。③在运行状态下，不断监视停止命令是否到来，一旦到来即置位停止指令，待工作站的工艺过程完成一个工作周期后，使工作站停止工作。其梯形图如图 8-25 所示。

下一步就进入工作站的工艺控制过程了，即从初始步 S0 开始的步进顺序控制过程。这一步进程序与前面单机情况基本相同，只是增加了"写网络变量"向系统报告工作状态的工作。其他从站的编程方法与供料站基本类似，此处不再详述。建议读者对照各工作站单机例程和联机例程，仔细加以比较和分析。

3. 主站单元控制程序的编写

输送站是 YL – 335B 型光机电一体化设备系统中最为重要同时也是承担任务最为繁重的工

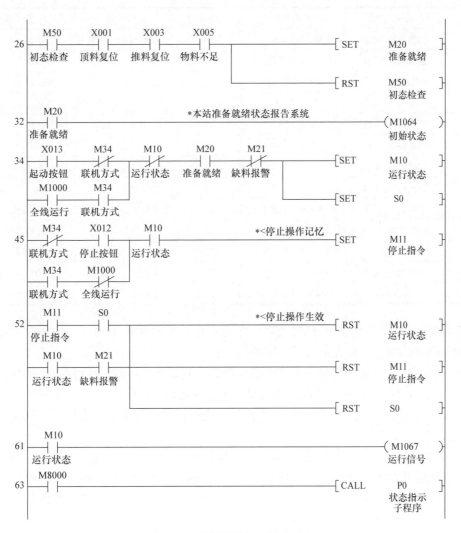

图 8-25　供料站联机工作主程序

作单元。主要体现在：①输送站 PLC 与触摸屏相连接，接收来自触摸屏的主令信号，同时把系统状态信息回馈到触摸屏。②作为网络的主站，要进行大量的网络信息处理。③需完成本单元的且联机方式下的工艺生产任务，与单机运行时略有差异。因此，把输送站的单机控制程序修改为联机控制，工作量要大一些。下面着重讨论编程中应予以注意的问题和有关编程思路。

（1）内存的配置。为了使程序更为清晰合理，编写程序前应尽可能详细地规划所需使用的内存。前面已经规划了供网络变量使用的内存及存储区的地址范围。在人机界面组态中，也规划了人机界面与 PLC 的连接变量的设备通道，整理成表格形式，见表8-13。

表 8-13　人机界面与 PLC 的连接变量的设备通道

序号	连接变量	通道名称	序号	连接变量	通道名称
1	越程故障_输送	M0.7（只读）	14	单机/全线_供料	V1020.4（只读）
2	运行状态_输送	M1.0（只读）	15	运行状态_供料	V1020.5（只读）
3	单机/全线_输送	M3.4（只读）	16	工件不足_供料	V1020.6（只读）
4	单机/全线_全线	M3.5（只读）	17	工件没有_供料	V1020.7（只读）
5	复位按钮_全线	M6.0（只写）	18	单机/全线_加工	V1030.4（只读）
6	停止按钮_全线	M6.1（只写）	19	运行状态_加工	V1030.5（只读）
7	起动按钮_全线	M6.2（只写）	20	单机/全线_装配	V1040.4（只读）
8	方式切换_全线	M6.3（读写）	21	运行状态_装配	V1040.5（只读）
9	网络正常_全线	M7.0（只读）	22	工件不足_装配	V1040.6（只读）
10	网络故障_全线	M7.1（只读）	23	工件没有_装配	V1040.7（只读）
11	运行状态_全线	V1000.0（只读）	24	单机/全线_分拣	V1050.4（只读）
12	急停状态_输送	V1000.2（只读）	25	运行状态_分拣	V1050.5（只读）
13	输入频率_全线	VW1002（读写）	26	手爪位置_输送	VD2000（只读）

只有在配置了上面所提及的存储器后，才能考虑编程中所需用到的其他中间变量。避免非法访问内部存储器，是编程中必须注意的问题。

（2）主程序结构。由于输送站承担的任务较多，在联机运行时，主程序有较大的变动。

① 在每一扫描周期，必须调用网络读写子程序和通信子程序。

② 完成系统工作模式的逻辑判断，除了输送站本身要处于联机方式外，必须所有从站都处于联机方式。

③ 在联机方式下，系统复位的主令信号，由 HMI 发出。在初始状态检查中，系统准备就绪的条件，除输送站本身要就绪外，所有从站均应准备就绪。因此，初始状态检查复位子程序中，除了完成输送站本站初始状态检查和复位操作外，还要通过网络读取各从站准备就绪信息。

④ 总的来说，整体运行过程仍是按初态检查→准备就绪，等待起动→投入运行等几个阶段逐步进行，但阶段的开始或结束的条件则发生了变化。

⑤ 为了实现急停功能，程序主体控制部分需要放在主控指令中执行，即放在 MC（主控）和 MCR（主控复位）指令间。但本工作任务规定输送站采用伺服电动机驱动，没有必要编写急停处理子程序，直接用急停按钮信号（常闭触点）即可作为主控块的起动条件。

以上是主程序编写思路，主程序清单如图 8-26 ~ 图 8-32 所示。

（3）"运行控制"程序段的结构。输送站联机的工艺过程与单机过程略有不同，需要修改的地方并不多。主要有如下几点：

① 在学习情境 7 的工作任务中，传送功能测试程序在初始步就开始执行机械手往供料站出料台抓取工件，而联机方式下，初始步的操作应为：通过网络向供料站请求供料，收到供料站供料完成信号后，如果没有停止指令，则转移下一步（S10 步）即执行抓取工件，如图 8-33 所示。

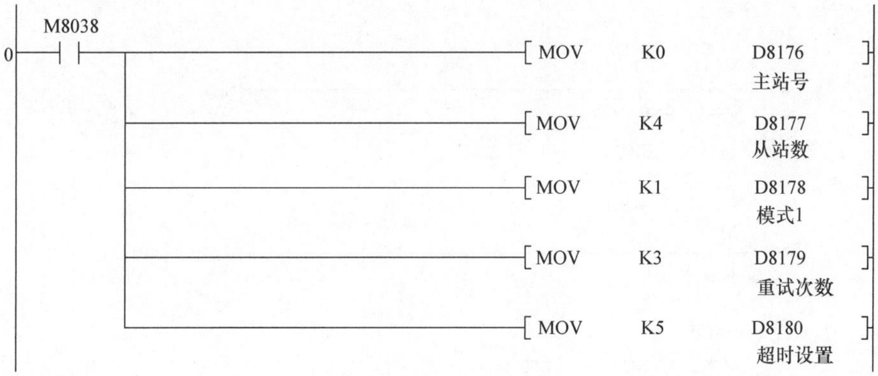

0
M8038
MOV K0 D8176
主站号
MOV K4 D8177
从站数
MOV K1 D8178
模式1
MOV K3 D8179
重试次数
MOV K5 D8180
超时设置

图 8-26 网络组建和通信处理

26
M8183
M8184
M8185
M8186
M8187
M141
通信诊断

图 8-27 通电初始化

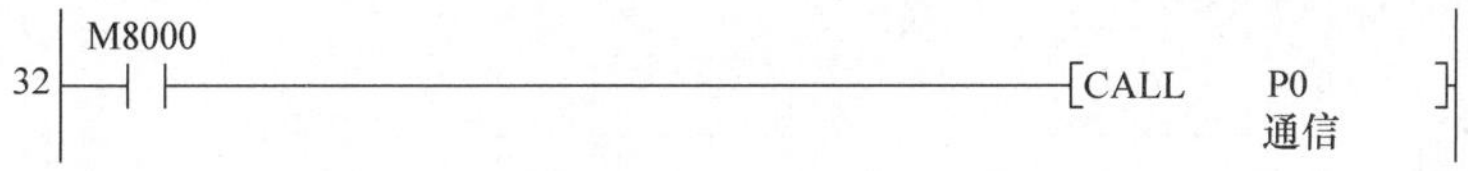

32
M8000
CALL P0
通信

图 8-28 调用通信子程序

36
M8002
SET M50
初态检查
RST M52
主站就绪
RST M53
系统就绪
RST M10
运行状态
RST M0
触摸屏准备完毕
MOV K500 D8145
加减速
MOV K300 D8148
基底速度
DMOV K100000 D8146
最高速度
RST S0
ZRST S10 S22

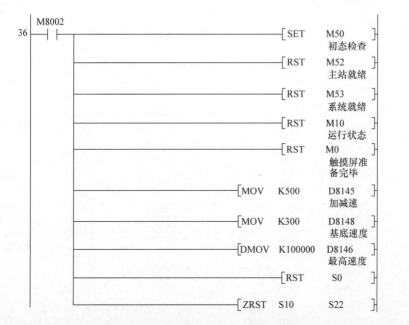

图 8-29 标志位复位的脉冲参数设置

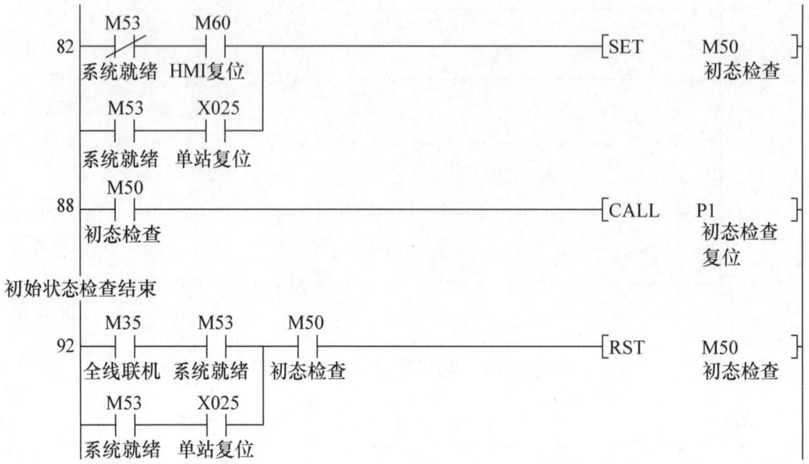

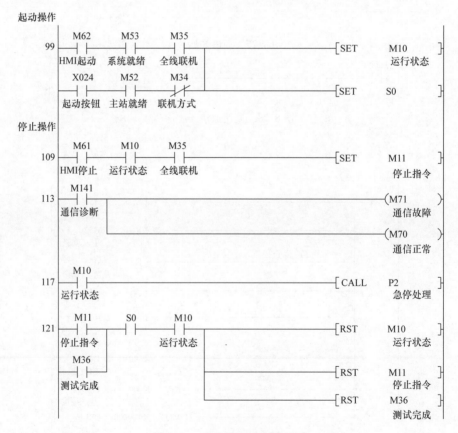

图 8-30　初始检测

注：初态检查包括主站初始状态检查及复位操作以及各从站初始状态。

图 8-31　起停控制、急停处理

图 8-32 状态指示灯

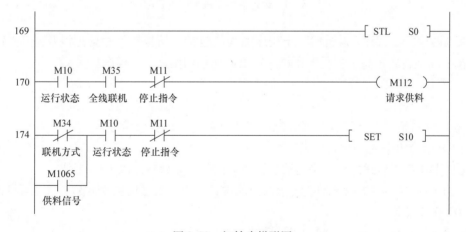

图 8-33 初始步梯形图

② 单机运行时，机械手往加工站加工台放下工件，等待 2s 取回工件，而联机方式下，取回工件的条件是收到来自网络的加工完成信号。装配站的情况与此相同。

③ 单机运行时，测试过程结束即退出运行状态。联机方式下，一个工作周期完成后，返回初始步，如果没有停止指令则开始进入下一工作周期。

由此，在学习情境 7 的传送功能测试程序基础上修改的运行控制程序流程图如图 8-34 所示。

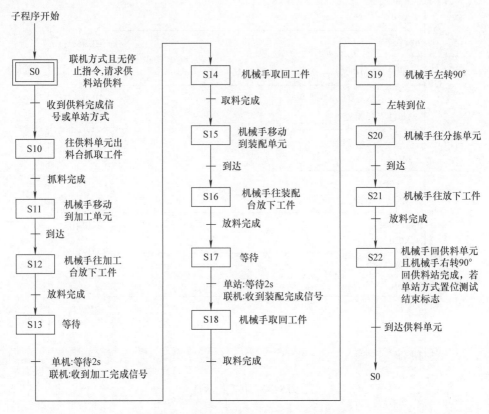

图 8-34　运行控制步进程序流程图

（4）"通信"子程序。"通信"子程序的功能包括从站报警信号处理以及向 HMI 提供输送站机械手当前位置信息。主程序在每一扫描周期都调用这一子程序。

① 报警信号处理。

a. 供料站和装配站"工件不足"和"工件没有"的报警信号发往人机界面。

b. 处理供料站"工件没有"或装配站"零件没有"的报警信号。

c. 向 HMI 提供网络正常/故障信息。

② 向 HMI 提供输送站机械手当前位置信息由脉冲累计数除以 100 得到。

a. 在每一扫描周期把以脉冲数表示的当前位置转换为长度信息（mm），转发给 HMI 的连接变量 D200（双字）。

b. 每当返回原点完成后，脉冲累计数被清零。

8.5　情境小结

通过本学习情境的学习，了解三菱 FX 系列 PLC N∶N 通信网络的特性，独立正确安装和连接 N∶N 通信网络，正确运行和调试 N∶N 通信网络。培养团队合作、沟通协调、解决问题的能力，培养正确解读工作任务书、合理分配工作任务的能力。完成全线运行工作模式下各个单元的机械安装与调试，完成全线运行工作模式下所有单元的电气接线和调试，完成全线运行工作模式下触摸屏界面的组态设计和变频器参数设置。能进行主站和从站电气控制原理图的分析与绘制，根据工作任务书要求设计各站 PLC 程序并调试，能独立查阅参考文献，并能与团队合作，养成良好的职业素养。

8.6　情境自测

1. N∶N 通信网络是如何建立的？
2. 如果需要考虑紧急停止等因素，程序应如何编写？
3. 手动和自动工作模式怎样调试？
4. 简述整体安装的电路设计和电路接线步骤。
5. 简述传感器的主要技术指标。
6. 简述整体安装气动回路的步骤。

参 考 文 献

[1] 吕景泉. 自动化生产线安装与调试 [M]. 2 版. 北京：中国铁道出版社，2009.

[2] 钟肇新. 可编程控制器原理及应用 [M]. 广州：华南理工大学出版社，2003.

[3] 吴启红. 变频器、可编程序控制器及触摸屏综合应用技术 [M]. 北京：机械工业出版社，2007.

[4] 邱公伟. 可编程控制器网络通信及应用 [M]. 北京：清华大学出版社，2000.

[5] SMC（中国）有限公司. 现代实用气动技术 [M]. 2 版. 北京：机械工业出版社，2008.

[6] 胡海清，宗存元. 气压与液压传动控制技术 [M]. 北京：北京理工大学出版社，2006.

[7] 程明. 微特电机及系统 [M]. 北京：中国电力出版社，2008.